一个人的

四季餐桌

木木 - 著

机械工业出版社
CHINA MACHINE PRESS

本书是以"一人居"生活体验为基础的"都市治愈系"食谱。内容以春、夏、秋、冬四个季节为主线，将乐活蔬食的健康生活理念贯穿其中，为您提供可轻松上手的精致"一人食"料理解决方案。从食材选择、营养搭配和餐桌美学的角度，传递"一人食"的责任感和仪式感。一个人能静下来好好吃饭，把日常一日三餐打理得丰盛，难道不是件了不起的事情吗？

图书在版编目（CIP）数据

一个人的四季餐桌 / 木木著. — 北京：机械工业出版社，2022.10（2024.10重印）
ISBN 978-7-111-71692-1

Ⅰ.①一… Ⅱ.①木… Ⅲ.①食谱②餐厅–设计 Ⅳ.①TS972.1②TS972.32

中国版本图书馆 CIP 数据核字（2022）第179827号

机械工业出版社（北京市百万庄大街22号 邮政编码100037）
策划编辑：王 炎 责任编辑：徐曙宁 仇俊霞
责任校对：韩佳欣 李 婷 责任印制：郜 敏
北京瑞禾彩色印刷有限公司印刷

2024年10月第1版·第4次印刷
169mm×239mm·15.25印张·168千字
标准书号：ISBN 978-7-111-71692-1
定价：69.80元

电话服务　　　　　　　网络服务
客服电话：010-88361066　机 工 官 网：www.cmpbook.com
　　　　　010-88379833　机 工 官 博：weibo.com/cmp1952
　　　　　010-68326294　金 书 网：www.golden-book.com
封底无防伪标均为盗版　机工教育服务网：www.cmpedu.com

一个人的三餐四季，

始终保持一种在餐桌上的投入感，

渐渐地，这种投入感也会渗入生活的角角落落。

一个人的三餐四季

我们一辈子，要吃差不多 80000 多顿饭。

有些餐食，是群聚式的狂欢，比如烤串，比如火锅；也有些餐食，是一人食的满足和自在。

离家十多年，一个人居住在城市里，一人食的次数像递增数列，渐渐在身体里堆出规律，堆出默契，自然也愈发享受一人食的状态。

一个人的餐桌，更像是自己和自己的能量对话，一旦坐下来，望向冒着热气的食物，一口一口用嘴、用心慢慢吃完。感受身体在嗅闻、咀嚼、吞咽中获得的温润、持久的能量。

一个人的餐桌，会有固定的风格，不刻意讲究，但也绝不将就，餐桌上始终保持一种有分寸的仪式感，一回到家就会不自觉地走过去坐下……

在厨房料理时，不过分迷信他人的食谱，也不沉浸在自己已有的经验中，靠当下最直接的味蕾反应，一点点调味，调出最适合这个时刻的好味。

从云南到北京，虽然相隔2000多公里的距离，但在不同的季节，总能收到亲友寄来的时令限定食材。

春天打开包裹，是扑到脸上的羊肚菌鲜味；雨季一来，松茸也就跟着来；天冷了，黑松露一到，就会自然地炖上一锅鸡汤……

四季的交替，带来的不仅是体感的反应，更是口感和胃感的变化。

"饮食和人生很像，请勿囫囵吞枣。"

早些年，看到这句话，便想起小时候父亲即使一个人在家，也要做上三两个菜，一荤一素一汤，绝不将就，绝不委屈自己的胃。想到现在的自己，一个人也要好好吃饭的执念，多半有基因的作祟，也更有一个人只身他乡，不愿让家人担心的情愫。

每年回家，都会做几道自己平时做的拿手菜，给平日里总担心我的长辈看："这些都是我做的菜，不是一个人也能过好生活嘛！"

一个人的三餐四季，始终保持一种在餐桌上的投入感，渐渐地，这种投入感也会渗入生活的角角落落。

目录

冬

秋

春

羊肚菌春笋鲜肉酿
羊肚菌蛋包土豆泥
羊肚菌鸡汤
羊肚菌蒸蛋
羊肚菌小米粥

食菌记

一边脱掉身上的毛衣，一边吃掉土地公公的"毛衣"。

羊肚菌，又名"草笠竹"，
是一种珍贵的食用菌和药用菌，
因其结构与盘菌相似，
上部呈褶皱网状，既像个蜂巢，
也像个羊肚，因而得名。

云南的四月天，处于冷热暧昧不明的状态，印象里，刚准备要脱下厚毛衣，有一种长得像毛衣的菌就陆陆续续从地里冒出来了。"土地公公一定是太热了，把毛衣脱了下来！"小时候看到树下（通常是杨树和桦树）的羊肚菌，总觉得很像爷爷的毛线衣。

爷爷的毛线衣通常是奶奶每晚看电视时织的，颜色多是暗黄色、灰色，和羊肚菌同色系。所以，小时候吃羊肚菌时，总觉得是在委曲求全陪爷爷一起吃，不属于小朋友主动选择的食物。

奶奶的作息很规律，每天上午去晨练，结束后去趟菜市场，总能带回最新鲜的食材。一旦有特殊的食材，比如春季的第一波羊肚菌，爸爸的创作欲就来了，一下班回家，就脱了外套，穿着和爷爷那件类似的羊肚菌色系毛线衣，蹲在院子里，一边晒太阳，一边处理羊肚菌：先放在流水下清洗，冲去泥沙，再用清水浸泡。爸爸进厨房准备其他食材，让我把羊肚菌端进去，我嫌盆太重，刚准备倒掉一些水，就被爸爸急促喊停了："别倒，水也要，直接端进来，这泡过的水才是精华呢！"泡过的水，加到汤里，或者最后勾芡成汁，才是点睛之笔，正所谓"原汤化原食"。

小时候的我喜欢吃各类炒饭，爷爷喜欢吃蒸肉，奶奶则爱喝汤，所以，爸爸的羊肚菌家宴里，通常会有每个人的一道专属菜——切碎做成蛋炒饭给我吃，加入肉馅上锅蒸给爷爷吃，和土鸡一起煲汤给奶奶喝，蒸蛋羹给妈妈吃。一桌饭香，像磁铁一样，把全家人都吸了过来。

长大后，人工羊肚菌越来越多，相比野生的大小不均、形态各异，这种"毛衣"开始走极简路线，似乎只有一种尺寸、一种花纹（类似梯形）、一种颜色（灰黑色）。爸爸是农艺师，还曾负责指导当地的村民人工养殖羊肚菌。差不多七八斤的新鲜羊肚菌才能晾出一斤干的羊肚菌。干菌香气更重，存放一年半载都没问题，吃之前提前泡发，适合煲汤；而新鲜的，吃起来更有肉感，咀嚼起来也更脆。

离开云南，一个人在北京生活，每年的春天，还是会有"一边脱掉身上的毛衣，一边吃掉土地公公的'毛衣'"的仪式感。新鲜羊肚菌从3000多公里外的山野，风尘仆仆来到城市，对它的最高礼遇便是——三天内换着花样，把它全部吃光。

一边回忆老爸的羊肚菌家宴，一边尝试改良创新，让"爷爷灰"的羊肚菌更显精致，做了一汤、一酿、一主食、一蛋羹、一粥，分享给你们。

羊肚菌
春笋鲜肉酿

食材		内馅	
羊肚菌	8~9 个	春笋	1 根（小）
生抽	半勺	鲜肉馅	100g
蚝油	半勺	胡萝卜	半根
淀粉	少许	芹菜	1 根
		鸡蛋	1 个
		生抽	半勺
		盐	少许

预处理

如果选用的是干羊肚菌，放入水中浸泡 5 分钟，用流水冲洗去泥沙，放入纯净水中浸泡一夜，泡过的水备用；如果选用的是鲜羊肚菌，洗净后，浸泡 2 小时，水备用。

做法

1 羊肚菌洗净后，剪掉根部，用剪刀在中间开一刀。

2 蔬菜类食材切成粒，与肉馅、蛋清、半勺生抽、少许盐混合。

3 将以上馅料放入切开的羊肚菌内。

4 蒸锅水开后，将羊肚菌放入，蒸 10~15 分钟（具体时间根据羊肚菌的大小和肉馅的量来定）。

5 将浸泡过羊肚菌的水，加入半勺生抽、少许淀粉、半勺蚝油，搅拌均匀，锅热后倒入此汁，做成芡汁后浇到羊肚菌上即可。

羊肚菌蛋包土豆泥

向阳而生，向阳而食。
人啊，不论胃还是心，总是向着温暖。

食材

鸡蛋	2 个
土豆	1 个
鲜肉馅	30g
胡萝卜丁	20g
春笋丁	20g
羊肚菌丁	15g
芹菜丁	20g
鸡高汤	1 勺
蘸水辣	适量
西兰花	1~2 小朵

做法

1 炒羊肚菌春笋鲜肉酱：鲜肉馅、胡萝卜丁、春笋丁、羊肚菌丁、芹菜丁混合蛋液，炒熟。

2 土豆带皮蒸熟后压碎，加入一勺鸡高汤。

3 煎蛋，包在土豆泥上，撒上蘸水辣即可。同时，可加 1~2 小朵西兰花作为点缀。

羊肚菌鸡汤

深夜鸡汤，之所以深得人心，大概是因为夜深，易饿且迷茫。

食材

走地老母鸡	1 只
鱼胶	15g
羊肚菌	6 个
玉竹	15g
橙皮	5g
枸杞	5g
山药	20g
生姜	3 片
桂圆干	15g
盐	适量

做法

1 将鱼胶洗净，用清水浸泡 12 小时。

2 将鸡洗净剁成块状，冷水入锅，加姜片。

3 大火烧开后，撇净表面的浮沫。

4 转小火，加入鱼胶、玉竹、山药、桂圆干，炖 1 小时。

5 加入羊肚菌、橙皮、枸杞，小火炖 30 分钟，出锅。

6 根据个人口味加入适量盐调味即可。

羊肚菌蒸蛋

有没有一种食物是可以不费一丝力气咀嚼，抿一下，就下肚的？

食材

羊肚菌	3 个
鸡蛋	2 个
盐	少许
香油	适量
生抽	1 勺

做法

1 洗净浸泡后的羊肚菌，切成条，泡羊肚菌的水备用。

2 将鸡蛋打散，过滤泡沫，放入盐，把浸泡羊肚菌的水倒进去，搅拌均匀。

3 将碗裹上保鲜膜，扎几个小洞，蒸锅加水烧开后放碗，开蒸。

4 小火蒸 3 分钟，加入羊肚菌条，继续蒸 5~8 分钟。

5 出锅，根据个人口味加香油和生抽。

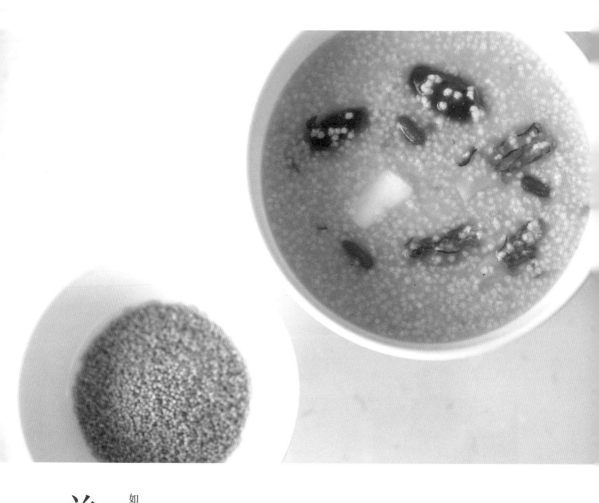

羊肚菌小米粥

如果你认真对待早餐，一整天都会活力满满。

食材

小米	150g
羊肚菌	2 个
红枣	2 个
山药	半根
盐	适量

做法

1 小米提前浸泡半小时，锅内倒入 4 碗水，水烧开后放入小米。（按此顺序，可防止粘锅，且小米易开花、易熟，亦可增加粥的粘稠度）

2 大火烧开后，撇净表面的浮沫。

3 转小火煮 10 分钟，加入切碎的食材。

4 小火煮 3 分钟，即可出锅。根据个人口味加入适量盐或其他调味品。

绿野轻食

春笋炒鲜虾
日式南瓜春日饭
长青鲜虾仁
香椿贝果
香椿炒蛋
蒜香蚕豆
虾仁蚕豆米

历经了一个低饱和度的冬天，春天到来时，总想要把一些野外的绿搬上餐桌。春笋的莫兰迪绿、日式南瓜从皮到心的。渐变绿黄、秋葵的纯绿色…… 像是在一点点拉开春的帷幕。吃“绿”，也是一个慢慢来、轻轻食的过程。

春笋炒鲜虾

"小鲜笋遇见大甜虾，一不小心，鲜掉眉毛！"

让人持久愉悦的东西，总是淡淡的，就像莫兰迪绿的春笋，不那么起眼，但入口细品，整个人仿佛从冬日的黑白默片中走出来，一点点有了色彩……

食材

虾仁	100g
春笋	160g
豌豆	60g
口蘑	50g
甜椒	20g
藜麦	50g
蒜	2 瓣
姜	1 片
盐	适量

做法

1 藜麦煮 5 分钟，开花即可，滤水备用。

2 春笋去皮斜刀切段，和豌豆一起焯水备用。

3 油锅热，下入蒜、姜爆香，陆续下入口蘑、剥好的虾仁、春笋、豌豆、甜椒，出锅前加适量盐即可。

春日日饭 日式南瓜

"来呀，把春天吃到肚子里！"

春天的仪式感，是里里外外都要"春"。一个南瓜，一半柔软，一半脆硬；一半成食，一半成器；一半吃进肚子里，一半放在眼里……

食材

胚芽米	约 200g
南瓜	1 个
洋葱	1/2 个
芹菜	1 段
豌豆米	20g
香肠丁	20g
帕玛森干酪碎	10g
黄油	15g
日本清酒	50ml
盐	适量

做法

1 南瓜洗净，无需去皮，对半切开，一份切块，另一份留着装盘。

2 备好芹菜丁、洋葱丁、豌豆米、香肠丁、帕玛森干酪碎。

3 油锅热，下入洋葱丁爆香，陆续加入芹菜丁、南瓜块、胚芽米。

4 倒入水，加入日本清酒，加入豌豆米焖煮。

5 小火煮 10~15 分钟，煮至米饭熟、南瓜软，根据个人口味自行调整。

6 加入帕玛森干酪碎和盐，盛入备用的半个南瓜里，开吃！

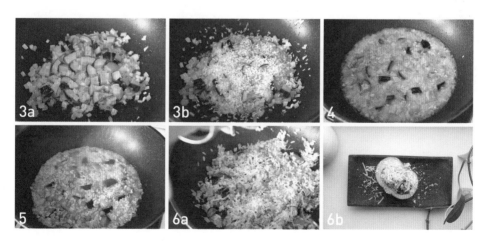

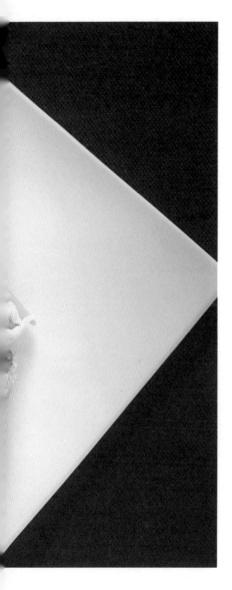

长青鲜虾仁

"你能让我时常尝鲜，却不是靠味精一般的外力。"

人对"鲜"的渴望，是自然而然产生的。"鲜"用在人身上，代表年龄；用在食物上，则是来源于一种成分。比如，虾的鲜更多是来自于谷氨酸和肌苷酸，香菇的鲜更多是来自于鸟苷酸。当富含谷氨酸的食物与含有鸟苷酸的食物结合时，所形成的味道是"1+1>2"的。所以，才有了小鸡炖蘑菇、腌笃鲜等这些鲜味十足的料理。

用一种奇妙的组合方式，引出食物的自然鲜味，就像两个本该遇见的人，在一起后，总能保持一种"日日相见日日新"的新鲜感。

其实啊，人对了，食物对了，时常尝鲜这件事情，就一点儿也不难。

食材

鲜虾	10只
芦笋	6根
姜	1片
料酒	5g
盐	适量

做法

1 鲜虾去壳后挑出虾线、洗净，加入适量的姜丝、盐和料酒，拌匀腌制10分钟。

2 烧锅开水，加入少量盐，将芦笋段放入水中焯1分钟，捞出切段。

3 锅烧热后放入适量的油，放入虾仁翻炒至变色，加入焯过的芦笋继续翻炒。

4 加入少许盐调味即可。

香椿贝果

每年的谷雨前后，是香椿短暂下凡到人间的日子。椿芽，一年只收一次，是一期一会的时令蔬菜。

快，趁着它还没走，赶紧抓住香椿的尾巴，吃一个又土又洋的香椿贝果！

注：香椿芽中含有一定量的亚硝酸盐，可以用沸水焯烫（清洗后用沸水焯烫 30 秒）。

食材

高筋面粉	400g
鲜香椿	100g
盐	5g
鲜酵母	12g
水	180g
糖	9g

（可做 10 个）

做法

1 香椿洗净，放入沸水中烫 30 秒，过凉水、沥干、去掉根部，切碎。

2 将所有食材倒入厨师机，搅拌 5~8 分钟，搅成光滑状面团即可，面温不超过 26℃。

3 揉成一个个滚圆的小面团，称重，每个重量控制在 70g 左右。

4 盖保鲜膜，使其松弛 15 分钟。

5 将面团用擀面杖擀长，翻面后横放，面饼上部的三分之一往下折，下部的三分之一往上折，再对折粘合，搓成长条。

6 面段的右端用擀面杖压平，弯过来，将左端包住，放烘焙纸，温度 38℃，湿度 85%，发 40 分钟。

7 取出，放入煮热的糖水（糖水比 1：20）中，每面烫 30 秒，取出，放在干净的布上吸水。

8 烤箱预热 180℃，烤 20 分钟，取出晾凉，开吃！

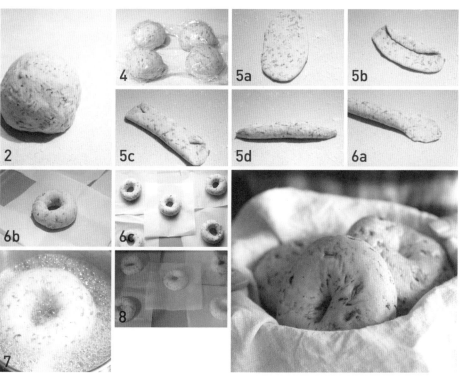

香椿炒蛋

食材

香椿	200g
鸡蛋	3 个
盐	2g

做法

1 将香椿洗净，放入沸水中烫 30 秒，过凉水，沥干，去掉根部，切碎。

2 香椿倒入碗里，加入 3 个鸡蛋，加一小勺盐，搅拌均匀。

3 锅内放油，倒入香椿鸡蛋液，开中大火，等到底部凝固且微焦后翻面。

4 反面煎熟，出锅。

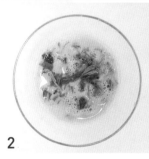

二重绿蚕豆

小时候关于蚕豆的回忆是"剪指甲"。奶奶和妈妈会搬个小凳子坐在院子里,围着一簸箕的蚕豆,先剥去外皮,再抠掉顶部的小芽,不一会儿,左边就堆起了一座"蚕豆皮山",右边则只有一小碗蚕豆米。我也过去帮忙,剥完皮直接扔到碗里,不料被奶奶取出返工,"得把顶部的小芽拿掉,就像给蚕豆剪指甲,这样才好吃呢!"

菜市场也有剥好的蚕豆米,但奶奶说:"怎么能买别人剥好的,太老了(云南话的'老'指不新鲜)。买蚕豆时,要看顶端的缝隙,是嫩绿的就说明蚕豆很嫩,如果那缝隙变成黑色的,就是老了。如果别人都剥好了,怎么看得出来老还是嫩呢?"

那时候感慨大人世界里对这个小蚕豆的讲究可真多,自己开始做饭后,想不到也变得如此"处女座",对应季、新鲜食材的不妥协,大概是每一个想好好做饭的人,最大的执念吧!

蒜香蚕豆

食材

蚕豆	500g
蒜	4 瓣
小葱	4 根
盐	少许
糖	少许

做法

1 蚕豆剥去豆角外皮，去除顶部小芽，清水洗净，沥干备用。

2 锅烧热，倒入适量食用油，下入蒜末和切碎的葱白，小火炒出香味。

3 炒香后放入蚕豆一起炒，放入盐、糖翻炒，倒入小半碗清水，中小火略焖煮一会儿。

4 煮熟收汁，撒葱花即可出锅。

虾仁蚕豆米

有时候，需要一层一层剥去外皮，看看自己内心中最宝贵、最真实的是什么。

食材

虾仁	100g
蚕豆	150g
姜	1 片
蒜	4 瓣

调料

料酒	5g
生抽	3g
盐	少许
黑胡椒粉	少许

做法

1 虾仁加入料酒、黑胡椒粉、生抽、姜末腌制。

2 蚕豆去皮、去芽，放入水中煮软。

3 油锅热，下入姜末和蒜末，小火炒出香味，加入虾仁炒至变色。

4 加入蚕豆米，放少量盐和温水翻炒，调味均匀后出锅。

花花和香料

金雀花蛋饼
金雀花早午餐
三色堇迷迭香饼干
迷迭香番茄芝士法棍
百里香包浆豆腐
百里香烤土豆
茉莉花气泡水
茉莉花蛋饼
槐花炒蛋
荠菜煮鸡蛋

对于一个曾经赏过太多种花的云南人来说，春天从来不赏花，只吃花！每次收到家乡寄到北京的各类花花，第一时间会做的不是插到花瓶里，而是放到锅里。好好吃花，善用香草、香料，大概是对风土和时令最好的尊重。

金雀花

金雀花，开在 4~6 月份的山坡上，金灿灿一片，仿佛给大地穿上了田园系碎花小裙。金雀花和蛋，怎么做都白搭，中式做法更浓郁深邃，西式做法更香嫩柔和。被金雀花叫醒的早晨，肚子里装满了芬芳！

金雀花蛋饼

咬下一口，感受由内而外的芬芳。

食材

金雀花	80g
鸡蛋	2个
盐	少许

做法

1 摘去金雀花的花蒂、花蕊，入沸水锅中焯后，放入凉水中漂洗干净，捞出，挤干水分。

2 打散鸡蛋液，加入处理好的金雀花。

3 油热，放入鸡蛋液和金雀花，双面煎至金黄，加少许盐，出锅，切块。

金雀花早午餐

不急不忙，从舌头到心去赏花。

食材

金雀花	80g
鸡蛋	2 个
黄油	5g
牛油果	1 个
圣女果	2 颗
盐	少许
黑胡椒粉	少许

做法

1 摘去金雀花的花蒂、花蕊，入沸水锅中焯后，放入凉水中漂洗干净，捞出，挤干水分。

2 打散鸡蛋液，加入处理好的金雀花。

3 开火，黄油融化后，倒入蛋液，快速翻炒，蛋液凝固即可出锅。

4 牛油果切片，圣女果对半切，依次放入盘中，表面撒少许盐和黑胡椒粉即可。

3a

3b

迷迭香

三色堇迷迭香饼干

迷迭香的香气，是让人安心的味道。相传古时迷航的水手会凭借着迷迭香浓郁的香气找到陆地的位置，可谓是香料界的"海上灯塔"。搭配帕玛森干酪做成的小饼干，泡上一壶云南红茶，一个美好下午的"巡航之旅"，从舌尖上启程。

食材

迷迭香	2 枝
低筋面粉	250g
无盐黄油	125g
帕玛森干酪	100g
鸡蛋	2 个
盐	2g
黑胡椒粉	2g
三色堇	若干

做法

1 将帕玛森干酪擦碎，迷迭香取叶子部分切碎，无盐黄油切小块，倒入厨师机中，加入低筋面粉、鸡蛋、盐、黑胡椒粉。

2 中档速度揉面 2~3 分钟，放到操作台上揉成长条状，用保鲜膜包起来，放入冰箱冷藏 1 小时。

3 将面团切成厚度均匀的片状（或放入模具中做成卡通造型），表面放上三色堇花朵，稍微按压，放入烤盘，烤箱预热至 180℃，烤 25 分钟，取出晾凉。

迷迭香番茄芝士法棍

受 Jamie Oliver 在《来吃意大利》中的食谱启发，调了个销魂酱汁——番茄酱、罗勒碎、辣椒粉、胡椒粉、橄榄油拌匀，抹在法棍上，加入马苏里拉芝士和迷迭香一起烤，整个房间都是香气，一口下去，酥脆可口，酸甜微辣，奶香、迷迭香的香气回味无穷……

食材

迷迭香	3 枝
法棍	1 根
番茄酱	200g
辣椒粉	10g
罗勒碎	5g
黑胡椒粉	2g
盐	2g
橄榄油	10g
马苏里拉芝士	80g

做法

1 法棍切分为 3 等份，每份再对半切开。

2 将番茄酱、罗勒碎、辣椒粉、黑胡椒粉、橄榄油、盐混合均匀，涂抹在法棍上。

3 将马苏里拉芝士铺满法棍，顶部撒迷迭香碎，放入烤箱。

4 烤箱预热到 180℃，烤 15 分钟。

百里香

竟然把包浆豆腐和百里香一起烤？

"闻着臭，吃着香，胀鼓圆圆黄灿灿，四棱八角讨人想，三顿不吃心慌慌。"说的就是我们云南的建水包浆豆腐。

和普通豆腐不同的是，包浆豆腐的精髓是捂出来的。把豆腐块堆放在筛子里，用纱布包裹严实，放在通风的地方；天气寒冷时得盖上新鲜稻草，天热时则要盖上沙网。一般需要捂 2~4 天，太生了则酸且硬，太过了则太软。

在云南，人们会蹲坐在一盆火前，像强迫症患者一样将豆腐码齐整，小火慢慢烤，等到双面烤至金黄、鼓起来就可以吃了。放到用干辣椒、花椒、茴香籽、花生碎、芝麻、盐调成的佐料里，一定要冒着被烫嘴的危险趁热吃！

下面介绍的这个是西式版本：包浆豆腐刷上橄榄油、海盐、辣椒粉，和百里香一起放烤箱里，200℃烤 20 分钟，接下来的半个小时里，整个屋子又臭又香。

百里香包浆豆腐

食材

百里香	一小把
包浆豆腐	若干
橄榄油	10g
辣椒粉	10g
海盐	3g

做法

1 将橄榄油、海盐、辣椒粉、百里香碎混合，刷在包浆豆腐上，平铺放入烤盘，旁边摆放百里香枝。

2 烤箱预热至 200℃，烤 20 分钟即可。

3 可直接吃，也可串成串儿，还可以放到藜麦沙拉里。

百里香烤土豆

做人要像烤土豆，外焦内软：
有盔甲，也要适当学会示弱。

食材

百里香	一小把
小土豆	300g
大蒜	半头
橄榄油	10g
黑胡椒	3g
盐	少许

做法

1 将小土豆（去皮、切块）、百里香（压碎）洗净，沥干水分，放入碗里，加入橄榄油、黑胡椒、盐混合，静置 30 分钟。

2 将大蒜（不去皮）和土豆、百里香一起铺在烤盘上。

3 烤箱预热到 200℃，烤 30 分钟即可。

小茉莉

茉莉花的花期从6月一直到10月,六七月的花还比较懵懂,八九月状态最好。新鲜的茉莉花,和蛋一起炒着吃最妙;也可洗净后放阴凉处晾干,泡水喝,香气会更浓郁。

茉莉花气泡水

原来温柔的茉莉也会有小脾『气』。
春夏交替，情绪也会好坏无常。

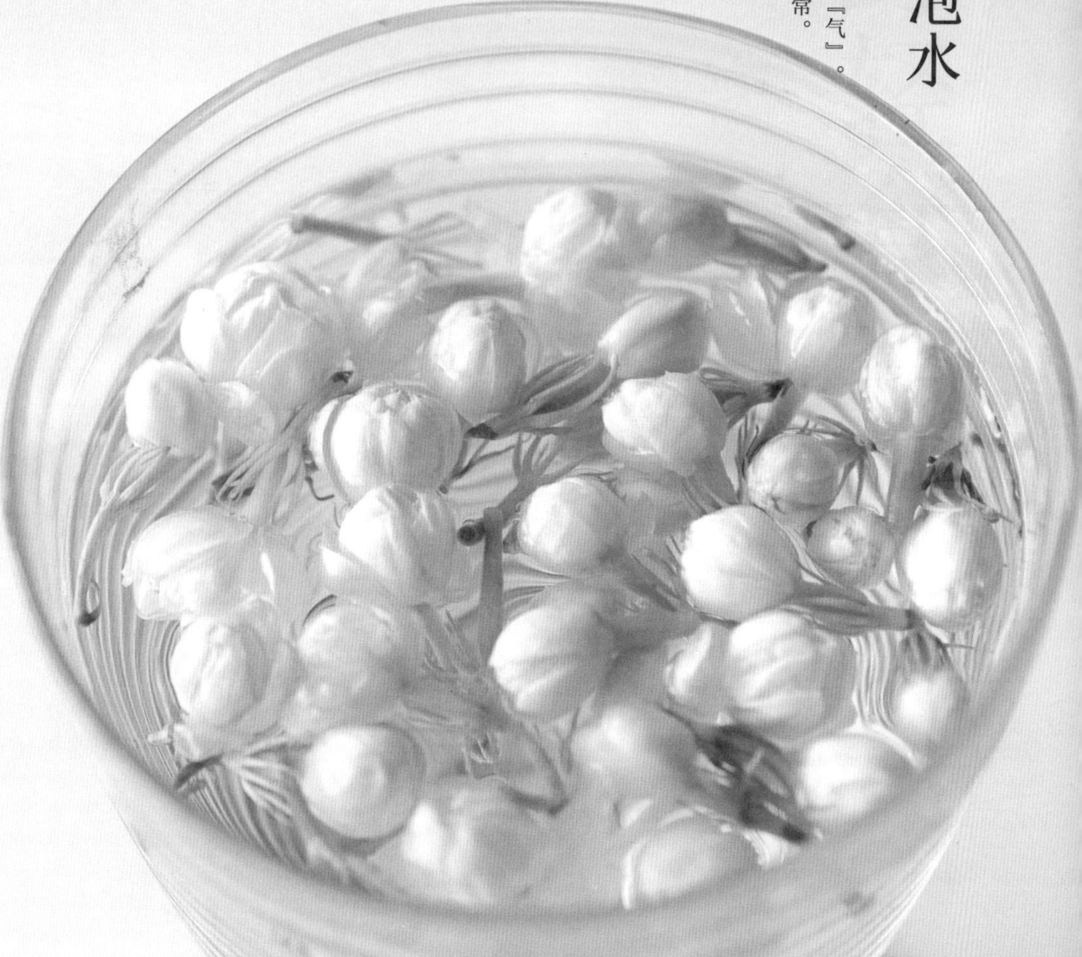

食材

茉莉花	若干朵
苏打水	250ml
蜂蜜	10g
朗姆酒	5g
冰块	若干

做法

1 杯中放入冰块，加入苏打水至九分满。

2 放入茉莉花，可根据个人口味加入适量蜂蜜、朗姆酒。

茉莉花蛋饼

像吃蛋糕一样，一口把春夏吃进肚子里。

食材

茉莉花	100g
鸡蛋	2 个
盐	适量

做法

1 新鲜茉莉花用清水洗净，沥干水分，放 5g 盐抓匀，稍微腌制，待茉莉花出水，倒掉，用清水再次冲洗后挤干水分备用。

2 打散鸡蛋液，加入茉莉花拌匀，撒适量盐。

3 热锅放入油，加入茉莉花蛋液，凝固后翻面。

4 双面煎黄，出锅。

槐花炒蛋

来北方后，才第一次吃到槐花。春末夏初，天气渐暖，晚饭后和朋友去公园散步，一阵清香飘来，抬头一看，一串串洁白的槐花，像流苏一样挂在枝头。"要不明早来个槐花炒蛋吧！还可以配面包。"

食材

槐花	100g
鸡蛋	2个
盐	少许

做法

1 将槐花中的细梗、小树叶等杂质取出，挑拣好的花蕾过清水，漂洗干净。

2 将槐花花蕾放入沸水锅中焯后，放入凉水中漂洗干净，捞出，挤干水分。

3 打散鸡蛋液，加入槐花花蕾。

4 油锅热，倒入槐花蛋液，炒熟并成块状后，加盐出锅，可直接吃，也可配面包。

荠菜煮鸡蛋

"阳春三月三，荠菜煮鸡蛋"，是来自湖南室友的食谱，"别小看这个蛋，是菜，也是药，还是一份 best wishes，吃了这颗蛋的人，身体好，运气佳，一年到头没烦恼！"

食材

荠菜	一小把
鸡蛋	3 个
红枣	8 颗
桂圆干	20g
黑豆	半碗
路边姜	3 根
中药包（当归、熟地、木通、桂枝等）	
冰糖或红糖	少许

做法

1 黑豆提前一晚浸泡。

2 鸡蛋煮熟后，剥去皮。

3 荠菜、路边姜、中药等洗净，将所有食材和鸡蛋一起放入冷水中煮开。

4 小火煮 10~15 分钟（将黑豆煮软即可），根据个人口味放冰糖或者红糖，浸泡片刻即可出锅。

咖啡豆饼干
400 次手打咖啡
咖啡 Cookie 杯
抹茶玛德琳
草莓无花果沙拉
香兰叶蛋糕

春醒
下午茶

每年的春天，中午犯困总是不可避免的。这是大自然给人带来的钝感，似乎在说，新的一年才刚刚开始，不必事事敏感。

回想小时候，云南的太阳很毒，正午 12 点到 13 点之间，人像被晒蔫的草，通常会躲起来，躲哪儿? 自然是被窝! 饭后午觉是全家人的一项默契行动。眯一会儿起来，人还是懵的，迷迷糊糊中，看爸爸蹲在院里削酸木瓜，切成一片一片，旁边放一盘辣椒面。每个人出门前，都会来上一片，一口下去，眼睛眯成一条线，瞬间醒了。所以，打破全家人春困的神器，竟然是一片酸木瓜!

长大后，不论在哪个城市，只要在太阳很毒辣的时刻，总得吃点什么"破春困"。

现在想想，这几年吃的下午茶食物，能叫醒春困的，其实酸甜苦辣都有。

只要你想"破春困"，不论在哪儿，总能找到适合自己的一味好方。

咖啡豆饼干

把咖啡粉身碎骨放入饼干里，
再把饼干伪装成一颗咖啡豆。
一口一口，吃掉午后的困意。

恶搞烘焙，咖啡豆？饼干？
傻傻分不清！

有时候，你看到的不一定是
食物真实的模样。

食材

速溶咖啡粉	7g
低筋面粉	100g
黄油	50g
糖粉	30g
淡奶油	10g
可可粉	5g

做法

1 将黄油在室温下软化，分次加入 30g 糖
   粉，搅拌至顺滑。

2 依次加入速溶咖啡粉、可可粉、淡奶油。

3 筛入低筋面粉，用刮刀拌匀成面团。

4 面团搓成长条，切成小段。

5 整形成椭圆形，用切刀在中间压一下。

6 放入烤箱，180℃烤 20 分钟。

400次
手打咖啡

如果你永远不知道自己的能量有多大。从不开始的话，

食材

速溶咖啡粉	1 勺（或 15g）
白砂糖	1 勺（或 15g）
热水	1 勺（或 15ml）
牛奶	适量
冰块	适量

做法

1 在搅拌碗里加入等量的白砂糖、热水、速溶咖啡粉。

2 用打蛋器顺时针搅拌，搅拌大概几百次，直到形成绵密的泡沫咖啡奶盖。

3 在玻璃杯中加入适量的冰块，倒入牛奶至八分满。将打好的咖啡奶盖铺在牛奶上至杯满。

咖啡 Cookie 杯

不能一直很柔软，也不能一直很坚硬，需要平衡，平衡才能持久。

食材

速溶咖啡粉	15g
淡奶油	80g
奥利奥饼干碎	150g
可可粉	适量

做法

1. 将速溶咖啡粉和淡奶油放入料理盆，用电动打蛋器打发成有小弯钩的状态，装入裱花袋。

2. 准备好杯子，铺一层奥利奥饼干碎，再铺一层咖啡奶霜，重复以上。

3. 最后在表面撒可可粉即可。

抹茶玛德琳

下午 3 点，在公园里，买了各类点心和咖啡，找了个阴凉地儿，席地而坐，咬一口抹茶玛德琳，喝一口草莓奶昔……发会儿呆，困意像一阵风，吃着吃着就被吹走了。

食材

食材	用量
抹茶粉	4g
黄油	65g
低筋面粉	65g
鸡蛋	1 个
白砂糖	50g
牛奶	20g
蔓越莓	20g
泡打粉	2g
香草精	1g

预处理

模具防粘处理：模具内部抹上半溶化或完全溶化的黄油，筛上一层低筋面粉，将模具置于冰箱冷藏备用。

做法

1 黄油切块，放入碗中并整体放入热水盆里，隔水融化，注意不要让水进入盛黄油的碗里。融化后备用。

2 取一个料理盆，加入全蛋、白砂糖，搅拌至糖完全融化，无需打发。加入牛奶和香草精，搅拌均匀。筛入低筋面粉、抹茶粉、泡打粉，搅拌均匀。

3 倒入融化后的黄油，搅拌均匀，放入冰箱冷藏 2 个小时（冷藏过的面糊会使玛德琳膨胀得更好，口感更细腻）。

4 取出面糊，室温下回温 2 分钟，将面糊装入裱花袋，挤入模具至八分满，加入蔓越莓颗粒。

5 将烤模放入烤箱中层，180℃烤 15 分钟，上色后出炉。

6 趁热脱模冷却，玛德琳出炉后冷却至常温，口感最酥脆。

草莓无花果沙拉

身体和心，都时不时需要清静一下。

食材

无花果	1 个
草莓	5 颗
圣女果	4 颗
生菜	1 棵

油醋汁

橄榄油	2 勺
黑醋	3 勺
蜂蜜	1 勺
酱油	1 勺
黑胡椒	半勺
芝麻	半勺

做法

1 洗净无花果、生菜、草莓、圣女果。

2 生菜叶打底，草莓、圣女果对半切开，无花果均匀切 4 块，依次放到生菜上。

3 油醋汁的配料放入瓶中，摇晃均匀，淋到沙拉上即可。

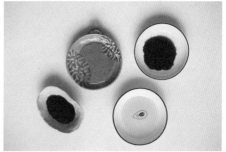

香兰叶蛋糕

下午 2 点，在新加坡的老字号点心店，吃到一个绿绿的蛋糕，舌尖像在绿地上打滚一般，上午奔走的劳累渐渐消散，下午场的行程似乎走得更带劲了，旅途中的神奇食物，总是能让人"满血复活"……

让人"复活"的绿，其实是香兰叶，又叫"斑斓叶"，它有一种独特的植物芳香。我在北京的三源里菜市场买到了它，配上椰子油，再搭配抹茶和薄荷，做了一个改良版的香兰草蛋糕，就叫它"绿绿四重奏"吧！

一股浓浓的海岛气息迎面袭来！

食材

香兰汁

香兰叶	100g
水	200g

戚风蛋糕 a 部分

椰子油	45g
白砂糖	25g
低筋面粉	80g
淀粉	15g
蛋黄	100g（约 5 个鸡蛋）

戚风蛋糕 b 部分

蛋清	200g（约 5 个鸡蛋）
白砂糖	90g
柠檬汁	适量

抹面装饰

淡奶油	200g
抹茶粉	3g
白砂糖	10g

做法

1 香兰汁：新鲜香兰叶剪成小段，和水混合，打成汁，过滤。

2 戚风蛋糕 a 部分：取 50g 香兰汁，和椰子油、白砂糖混合在一起搅匀，加入过筛好的低筋面粉、淀粉，拌匀，再加入蛋黄。

3 戚风蛋糕 b 部分：蛋清加柠檬汁打发，加入糖（分 2 次加），打到有弯钩状态。

1a

1b

1c

2

3

4 烤箱预热180℃,把a部分分两次加入b部分里,慢慢用刮刀拌匀。倒入模具(尺寸约为八寸), 倒入至模具的一半深度就好。

5 用力摔模具,把气泡震出来,入烤炉,烤30分钟。

6 出炉,蛋糕凉后脱模。

7 淡奶油加抹茶粉、白砂糖,打发至有弯钩,抹到蛋糕上,可以单层,也可以多层叠加。

8 最后加薄荷叶点缀,撒一些抹茶粉,增加层次感。在四种绿的加持下,最有春天气息的香 兰叶蛋糕就好啦!

赶海

来自海里的食物，一点儿不能等人。鱼、虾、蟹……一旦出锅，即是最佳赏味期。所以平时请朋友来家里吃饭，一定会等人都齐了，才去料理最后一道海鲜类菜品。像赶海人一样耐心等待潮涨潮落，掌握海鲜的最佳料理期，如此，鲜味才不会打烊。

美好的事物，以及食物，都需要等待一个好时机。

百老汇酸木瓜煮鱼

"把自己弄得一把鼻涕一把泪，对你又爱又恨。别误会，我在说这道鱼……"

在诸多云南经典的鱼肉料理中，大理的酸木瓜煮鱼在我心中排名第一。洱海的鲫鱼，被酸木瓜和辣椒面附身后，像探戈一样在舌尖起舞。吃一道像百老汇戏剧一样经典的酸木瓜煮鱼，感受一次在舌尖起舞的《永恒的探戈》。

食材

酸木瓜	1 个
鲫鱼（小）	2~3 条
料酒	一小勺
大葱	3 段
姜	3 片
菜籽油	适量
蒜	半头
小米辣	3 个
草果	2 个
干辣椒面	一小勺
盐、花椒面、胡椒粉	少许
香菜	2 根

做法

1 将鲫鱼去除内脏洗净，放入料酒、葱段、姜片，腌制 15 分钟。

2 锅内放入菜籽油，将鱼煎至两面金黄，盛出。煎炸过的鱼，可以去腥提香。

3 酸木瓜去皮对半切开，去掉中间的籽，切片。蒜、姜切片，小米辣切小段，大葱切段。

4 油锅热，加入蒜片、姜片、小米辣段、葱段、草果，炒香。

5 倒入水，加木瓜片，根据个人口味可加入干辣椒面、花椒面、胡椒粉，水开后，熬煮 3 分钟出酸味，再下入鱼。

6 可根据个人喜好加入豆腐、金针菇、土豆片等配菜，小火熬煮 20 分钟，出锅前加盐、香菜即可。

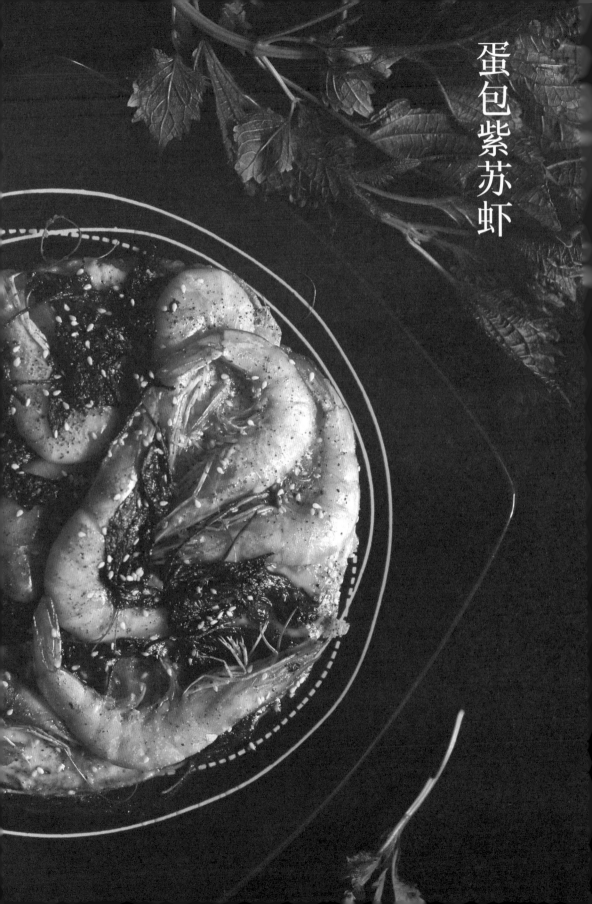

蛋包紫苏虾

紫苏和海鲜的美味相遇，其实不是现代人的发明。早在汉代，紫苏就是海鲜的最佳拍档。

夏天正是采摘紫苏的好季节，摘好后，可鲜用或晒干备用。紫苏自带独特的芳香，吃上一口，仿佛自带一种氛围香一样，由内而外地体会到芬芳愉悦。我们一般倒不会长期吃，不过在夏天，总要时不时吃上一两道和紫苏相关的料理。

食材

紫苏	一把
虾	10 只
鸡蛋	1 个
盐	少许
黑胡椒粉	若干
芝麻	若干

做法

1 油锅热，下紫苏、虾，炒至八成熟盛出。

2 鸡蛋打散，加盐搅拌均匀。

3 油锅热，加入蛋液，微微凝固后，加入紫苏、虾。

4 待鸡蛋全熟，盛出装盘即可。

5 可根据个人口味撒黑胡椒粉、芝麻。

1

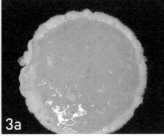

3a

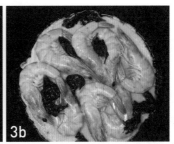

3b

雷司令慢炖鳕鱼贻贝

"盘子空了，人微醺了⋯⋯"

有一些料理是黄昏限定，比如用酒炖鱼，激发出鱼本身的鲜嫩不说，还能激发出关于这一天的美好遐思。黄昏，是一天中最柔软的时刻，宜配柔软⋯⋯

食材

鳕鱼	200g
贻贝	300g
鸡蛋	1 个
胡萝卜	半根
芹菜	1 段
洋葱	1/8 个
蒜	3 瓣
雷司令	150ml
盐	少许
黑胡椒	少许

做法

1 在冷水中加入少许盐，浸泡贻贝 1 小时，使其充分吐出泥垢，中途可以换 1~2 次水。

2 胡萝卜、芹菜根、洋葱切丁，蒜切片；鸡蛋煮熟备用。

3 油锅热，加入以上蔬菜丁翻炒。

4 放入贻贝，撒盐与黑胡椒调味。

5 倒入雷司令，盖上盖子，中火煮 5 分钟。（注：新鲜贻贝浮到表面上后即可捞出，去掉未上浮的贻贝，保留汤水。）

6 将鳕鱼放到贻贝汤中，小火煮 10 分钟。

7 出锅前，将贻贝放回锅中加热，加上欧芹酱（可买成品，或自制）。将鸡蛋切成四等份，摆盘出品。

注：自制欧芹酱做法：将欧芹、罗勒叶、蒜、芥末和橄榄油混合搅打成柔滑糊状，撒盐与黑胡椒。

清蒸海鲈鱼

"鲜，是无需粉饰的自信。"

大大方方，是一种内在饱满，
外在有生命力的状态。像一
条新鲜的鲈鱼，煎炸炖煮统
统不要，放最基本的调味品，
蒸熟，就足够美味。

食材

海鲈鱼	1 条
大葱	半段
姜	3 片
料酒	5ml
黑胡椒粉	少许
盐	少许
蒸鱼豉油	5ml
红辣椒	1 个

做法

1 将鱼去除内脏洗净，鱼背上用刀剖开，用盐、料酒、黑胡椒粉、姜片腌 20 分钟使其入味。

2 鱼上铺姜丝、葱段，蒸锅水开后，放入鲈鱼隔水蒸 10 分钟。

3 浇上蒸鱼豉油，闷 3 分钟。

4 取出鱼，撒上葱丝、红辣椒丝，浇上热油。

罗勒龙虾意面

"你相信命中注定吗？如罗勒和龙虾一般。"

"总觉得缺点啥"，大概是诸多大龄单身青年惯常的执拗。真的会有命中注定的存在吗？像罗勒和龙虾一般，互补且互相点亮。或许有，但可能还没发生在我身上……像期待一份罗勒龙虾意面一样，期待真正的爱情吧！

食材

大龙虾	1 只
意面	200g
罗勒叶	10g
番茄	半个
蒜	半头
洋葱	1/4 个
橄榄油	20g
番茄酱	50g
白葡萄酒	30ml
盐	少许

做法

1 龙虾洗净，对半切开，取出中间的不可食部分。

2 熬高汤：倒入适量橄榄油，放入大蒜和番茄碎炒香，加少许番茄酱，放入龙虾壳，加入水，熬制 1 小时后，过滤汤汁备用。

3 油锅热，放入洋葱、蒜末炒香，加入龙虾肉，中小火煎 3 分钟。

4 加入少许白葡萄酒，待其挥发后，加入番茄碎、高汤，小火焖煮 4 分钟，出锅前加罗勒叶。

5 煮意面：水开后，加入盐和橄榄油，加入意面，小火煮 10 分钟。

6 将煮好的意面加入到步骤 4 制成的汤汁中，点缀罗勒叶，摆盘即可。

鸡胸肉四吃

夏天是需要把好身材秀出来"见世面"的季节，既然要有一个极具仪式感的出场，就得做好事先准备。每年的 5 月中旬，是自己立下的夏日减脂塑形 Deadline。在此之前的 2 个月，一周 3~4 练，尤其注意饮食。实际上，多数人的健身之路可能是毁在了饮食上，苦行僧般的健身餐，绝对不是可持续的模式，什么样的健身餐，才能让你吃到舔盘，而不是苦大仇深地机械式咀嚼呢？

第一步　选对的食材
肉类，以白肉为主！比如鸡肉，在鸡的所有部位中，鸡胸肉的蛋白质最丰富，其含量和牛肉不相上下。西兰花的蛋白含量比普通叶菜类要高出 3~4 倍，其微量元素含量也更高。

第二步　烹饪方式以蒸煮、凉拌、低温慢烤为主。

下饭柠檬手撕鸡

一个人的厨房，总缺点灵感，也缺"七嘴八舌"的味蕾反馈，偶尔会陷入料理死胡同。所以，时不时去会做饭的朋友那蹭吃，去之前会被问想吃什么，答："想像在丛林里探险一样，surprise me！"比如这道下饭柠檬手撕鸡

食材

鸡胸肉	250g
柠檬	半个
小米辣	3 个
蒜	半头
姜	2 片
大葱	1 小段
花椒	3g
干辣椒	3 个
盐	少许
料酒	适量
酱油	少许
蚝油	少许
醋	少许

做法

1 锅中放入鸡胸肉，加凉水盖过肉，放入姜片、花椒、料酒，大火煮，水开后转小火煮 15 分钟，捞出沥干放凉，手撕成丝。

2 柠檬切片，小米辣、蒜、姜切碎末，大葱切丝。

3 油锅热，放蒜、干辣椒、花椒、葱丝炒香，再放入鸡丝、小米辣，拌匀，出锅前，挤上柠檬汁，加酱油、蚝油、醋、盐调味即可。

百香果鸡胸肉

食欲不振的夏天，哪怕提不起任何兴致，

但，人总得吃饭，以及爱与被爱。

食材

青笋	半根
紫甘蓝	1/6 个
豆腐丝	150g
鸡胸肉	250g
柠檬	2 片
蒜	半头
小米辣	2 个
百香果	1 个
酱油	1 勺
醋	半勺
盐	少许
白糖	少许

做法

1 青笋、紫甘蓝切丝，蒜和小米辣切碎，柠檬切片，百香果对半切开，取出果肉。

2 鸡胸肉煮熟晾凉，撕成丝，加入盐、酱油、醋、白糖，与其他食材拌匀即可。

1a

1b

百里香芝士鸡胸肉

我们每个人作为一个微小的个体，整体看上去差异不大，就像每份鸡胸肉，可能看上去差异不大，但微小的细节，才是你之所以是你、他之所以是他的关键。平平无奇的一块白肉，也能成为百吃不厌的超级料理。

食材

鸡胸肉	250g
百里香	1 小把
圣女果	5 个
胡萝卜	半根
西兰花	1/4 颗
料酒	半勺
酱油	1 勺
淀粉	2g
芝士	1 片
油	1 勺
盐	少许

做法

1 鸡胸肉切丁，加料酒、盐、酱油、油、百里香腌制半小时，炒之前加入少许淀粉拌匀。

2 油热后，下入鸡胸肉，快速翻炒，变色后盛出。

3 加入圣女果炒软，再加胡萝卜丁炒 1 分钟。

4 加入西兰花，加水，开小火，盖锅盖焖煮 5 分钟。

5 快出锅前加鸡胸肉，加芝士片，加少许盐即可。

迷迭香烤鸡胸肉

食材

鸡胸肉	250g
圣女果	5 个
柠檬	半个
蒜	3 瓣
蜂蜜	1 勺
生抽	1 勺
黑胡椒粒	1g
橄榄油	1 勺
迷迭香	一小把
盐	少许
香葱	少许
香菜	少许

做法

1 鸡胸肉洗净后，擦干。

2 将生抽、蜂蜜、橄榄油、盐、黑胡椒粒、迷迭香调匀后洒在鸡肉上，用刷子均匀抹开，腌制半小时。

3 鸡胸肉放入烤盘，将对半切开的圣女果、柠檬片、大蒜碎铺上。

4 烤箱预热220℃，放入烤盘烤30分钟，将鸡胸肉切成条状，装盘，摆上柠檬，撒香葱、香菜点缀。

飒飒的豆腐

豆腐在我的印象里，总是素素的、不争不抢，活脱脱像一个岁月静好的仙子。

小时候在老家帮外婆做豆腐，小孩子只能干点打下手的活儿，但总想尝试高难度的部分。刚开始，只能从最基础的磨豆做起，拿着大木勺，一勺一勺把泡好的黄豆倒入磨豆机，机器下方瞬间咕噜咕噜吐一堆出来，不一会儿就装满一桶。外婆会拎起整桶，倒入一个吊床似的过滤沙袋里。接下来这一步是最具挑战性的：需要左右手各持木棍的一头，把像冰沙一样的液态豆腐，顺时针旋转，使其接触到沙袋的每一个角度，一点点过滤出乳白色的液体。

做豆腐的头几天，我始终不清楚如何在发力和收力中找到平衡，远远地看着外婆像一位太极大师一样，在被熏得黑黑的厨房里，立得稳稳的，左右两臂摆动，运行着一股白白的仙气。

后来，多试多练，终于找到了专属于自己的发力方式——想象里面睡了一个豆腐仙女，一点点轻轻把她摇醒。其实，温柔一点、耐心一点，就能滤出好豆腐。

接下来分享的做法，都是重口味系列的家常豆腐料理。里面仙、外面飒。

戴面具的豆腐

食材

豆腐	1 块
蒜	半头
酱油	1 勺
醋	半勺
花椒油	5 滴
芝麻	5g
薄荷	少许
干辣椒碎	半碗

做法

1 将一块豆腐切成 8~12 片。

2 油锅热，下豆腐，转小火，双面煎黄。

3 将煎好的豆腐放吸油纸上冷却后，切成条状。

4 重新热一锅油，冒烟后，倒入放有干辣椒碎和蒜末的碗里呲一下，加酱油、醋、花椒油、芝麻等调料。

5 以上调料和豆腐条拌匀，加薄荷或葱花作点缀。

流泪
麻婆豆腐

食材

豆腐	1 块
郫县豆瓣酱	1 勺
蒜	半头
干辣椒	3 个
老抽	半勺
花椒	5g
小葱	2 根
姜	2 片
淀粉	2g
盐	少许
糖	少许

做法

1 豆腐切成小方块，放入加了盐的热水中焯 1 分钟，倒出沥干水份。

2 油锅热，加入花椒、干辣椒小火炒香，取出料，保留锅内油。

3 加葱、姜、蒜末、豆瓣酱炒香，倒入豆腐，加盐、老抽、糖、调味，倒入半碗水，小火焖煮 5 分钟。

4 将淀粉加 2 勺水搅拌后倒入，快速收汁后出锅，加葱末即可。

三文鱼西柚沙拉
餐前三文鱼面包
三文鱼藜麦奶酪
三文鱼羽衣甘蓝沙拉
绿芦笋蘑菇沙拉
绿芦笋草莓沙拉
白芦笋藜麦沙拉
白芦笋配荷兰酱
无花果田园沙拉
无花果帕玛森沙拉
香格里拉沙拉
乳扇山药沙拉
脸红的土豆沙拉
红绿灯沙拉
舞茸沙拉

森林小诗沙拉

吃沙拉，就像在森林里读一首小诗，淡淡的，静静的，读完后，身心通透。能坚持吃沙拉的人，多半是值得尊敬的，因为持久的克制，难能可贵。沙拉从某种意义上来看，是有悖于人类对美食的定义的。想想看，你从未见过一边吃沙拉，一边大呼过瘾的人吧？因为沙拉，从来就不是一种瘾，就像日子本身一样，所谓惊喜，都是自己去创造和赋予的。

不重复，也是一种惊喜。在平淡的日子里，习得细水长流的愉悦，不妨，先从一周 7 天不重样的沙拉开始吧！

万物皆有规律，不重样的沙拉，只需记住以下公式：
30% 的蔬菜、20% 的水果 & 坚果，25% 的优质碳水，25% 的优质蛋白质。

绿基底
打底菜：罗马生菜、球生菜、奶油生菜、苦菊、芝麻菜、冰菜等
渐变绿：黄瓜、西兰花、芦笋等

暖暖菜　甜菜头、胡萝卜、圣女果、迷你小萝卜等
优碳水　鹰嘴豆、燕麦、红薯、南瓜、藜麦等
优蛋白　鸡胸肉、三文鱼、虾、金枪鱼等
有点趣　巴旦木、葡萄干、青豆、玉米粒、蔓越莓等
有点味　油醋汁、酸奶、鹰嘴豆泥酱等

三文鱼家族聚会

因纽特人最初尝试把三文鱼腌制和烟熏，以增强风味和持久保鲜，由此烟熏三文鱼的制作方法便留存了下来。平时，我喜欢用烟熏三文鱼做沙拉或直接放在面包上，滑口咸香，能让口味平淡的食物一下鲜活起来。

三文鱼西柚沙拉

食材：

烟熏三文鱼	5~6 片
蔓越莓	一小把
巴旦木	8 粒
鸡蛋	1 个
生菜	1 棵
西柚	1/4 个

油醋汁（将橄榄油、生抽、苹果醋、蜂蜜，按 2:2:2:1 的比例调制）

做法：

1 鸡蛋煮熟，剥皮，切成 4 等份。

2 生菜洗净，撕成适宜的大小，装盘。

3 依次放入西柚碎、蔓越莓、巴旦木、烟熏三文鱼，浇上油醋汁即可。

餐前三文鱼面包

如果你在一个陌生的派对上，不知道怎么和对面的人开口说话，递一块三文鱼面包给对方吧！让人分泌多巴胺的食物，会使整个氛围都不自觉地愉悦起来。

食材

烟熏三文鱼	3 片
全麦面包	3 片
酸奶	3 勺
坚果碎	一小把

做法

1 全麦面包抹上酸奶（或奶酪）。
2 放上三文鱼，撒上坚果碎。

三文鱼藜麦奶酪

当我吃食物时，我在吃什么？

食材

三文鱼	200g
藜麦	40g
奶酪	1 块
甜菜头鹰嘴豆泥酱	2 勺
胡萝卜	1 根
黑胡椒粒	少许
橄榄油	少许
盐	少许

做法

1 藜麦提前浸泡后,上锅蒸熟。(具体方法见下方藜麦 Notes)

2 三文鱼清洗干净,擦干水分,在鱼排的背部切 3 刀(更容易熟且入味),放入盐、黑胡椒粒和橄榄油腌制 15 分钟。

3 油锅热,放入三文鱼,先煎鱼皮面,煎至金黄色翻面,转小火,用余温煎鱼的底面 30 秒左右,盛出备用。

4 锅内继续煎胡萝卜(过油后的胡萝卜素更容易被人体有效吸收)。

5 将藜麦置于底层,依次放上胡萝卜、三文鱼、奶酪块、甜菜头鹰嘴豆泥酱(制作方法见第 203 页)即可。

藜麦 Notes

怎么煮?

藜麦放入凉水中煮,煮沸后转小火,煮 10~15 分钟,直到变透明即可捞出,个人喜欢有点咬头弹性的口感。如果喜欢更软一点,可以延长时间至 20 分钟。不过,时间过长,白色胚芽会脱离籽粒,营养会流失哦!

怎么蒸?

藜麦是高膳食纤维食物,蒸前需要浸泡较长时间吸足水份才容易变软。所以需提前浸泡 2 个小时,藜麦的表层皂角苷才能溶解,且不会有涩味。

三文鱼
羽衣甘蓝沙立

食材

三文鱼	200g
藜麦	40g
奶酪块	适量
羽衣甘蓝	一把
口蘑	4 个
油醋汁	2 勺
盐	少许
黑胡椒粒	少许
橄榄油	少许

做法

1 羽衣甘蓝洗净，把绿叶部分撕成均匀小片，和煮熟的藜麦置于同一个碗里，倒入适量油醋汁揉搓。

2 三文鱼清洗干净，擦干水分，在鱼排的背部切 3 刀（更容易熟且入味），放入盐、黑胡椒粒和橄榄油腌制 15 分钟。

3 油锅热，放入三文鱼，先煎鱼皮，煎至金黄色翻面，转小火，用余温煎鱼的底面 30 秒左右，盛出备用。

4 锅内继续煎口蘑。

5 将羽衣甘蓝置于底层，依次放上三文鱼、奶酪块、口蘑，浇调好的汁即可。

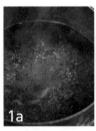

关于羽衣甘蓝

在维密超模的社交媒体图片里，它大概是出现频次最高的蔬菜了，被誉为"超级食物"的它，其实也有"憨憨质朴"的一面。某次去朋友的学校，发现花坛里种的全是羽衣甘蓝，各种颜色都有，一问才知它是学校的"校花"。羽衣甘蓝也是一种观叶植物，常布置于花坛、岩石园，或作盆栽观赏。日常食用，建议购买可食用的有机羽衣甘蓝，会更放心哦！

羽衣甘蓝沙拉好吃的秘诀是——戴着一次性手套将羽衣甘蓝放碗里揉搓片刻，会使其变软、变绿，更容易入味。

羽衣甘蓝的沙拉公式——搭配紫薯、红薯等粗粮，培根、鸡蛋等蛋白质，口蘑、圣女果等蔬果。打造夏日越吃越轻盈的健身餐。

芦笋

有着"蔬菜小王子"之称的芦笋，也是沙拉界的常客，处理后，焯熟或煎熟都可，搭配时令的蔬果，吃完仿佛由内而外都更通透了！

白芦笋和绿芦笋差在哪？一个被晒，一个没被晒！白芦笋整个生长过程都在无阳光环境中，如果发现露出一点头，就要人工用沙土盖上，避免阳光的照射。采摘的时候也不能有光，可谓是极其娇贵了！但不论绿的白的，只要是新鲜的、时令的，都是值得吃的。

绿芦笋蘑菇沙拉

食材

圣女果	7 颗
口蘑	3 个
芦笋	3 根
生菜	1 棵
鸡蛋	1 个
油醋汁	适量
橄榄油	少许

做法

1. 圣女果、口蘑、生菜洗净，口蘑切片、每叶生菜切 3 刀、圣女果对半切开备用。
2. 切掉芦笋底部硬的部分，轻轻削去外皮，洗净后斜切成段。
3. 锅中放入橄榄油，放入芦笋中小火煎 2 分钟取出，放入口蘑，煎至微黄后盛出。
4. 鸡蛋煮熟后，对半切开。
5. 依次放入生菜、芦笋、口蘑、鸡蛋、圣女果，浇上油醋汁。

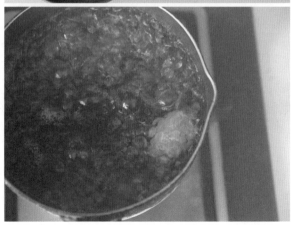

绿芦笋草莓沙拉

食材

草莓	3 颗
杏鲍菇	3 个
芦笋	3 根
生菜	1 棵
鸡蛋	1 个
牛油果	半个
油醋汁	适量

做法

1. 鸡蛋煮熟后，对半切开。
2. 切掉芦笋底部硬的部分，轻轻削去外皮，洗净后斜切成段。
3. 锅中水烧开，放入芦笋，煮 2 分钟捞出。
4. 草莓洗净，对半切开，牛油果切片。
5. 杏鲍菇过油煎 2 分钟。
6. 以上食材依次放入盘中，浇上油醋汁即可。

白芦笋藜麦沙拉

看看白芦笋这个超级时令蔬菜的标签——"蔬菜小王子"、"贵族白美人"……你就能想象出它有多美妙了。白芦笋富含多种氨基酸、蛋白质和维生素，其中维生素 B 的含量更是远远超过其他蔬菜。春末夏初，是它的最佳赏味期，难得一"夏"，用清爽的方式和它见面吧！

食材

白芦笋	200g
草莓	4 颗
紫甘蓝	100g
藜麦	30g
鹰嘴豆泥	30g

做法

1 白芦笋去皮焯水（水中放面包芯，可吸附、去除白芦笋的涩味）。

2 草莓洗净切成 4 瓣，紫甘蓝洗净切条。

3 藜麦煮熟，沥干水。

4 藜麦铺底，白芦笋横竖各放置两条，周边点缀草莓、鹰嘴豆泥、紫甘蓝。

白芦笋配荷兰酱

白芦笋作为蔬菜界的小王
子，似乎只有荷兰酱配得上
它……水煮白芦笋搭配荷兰
酱，既保留了原汁原味，也
提升了白芦笋的味觉层次。
荷兰酱的灵魂来自白胡椒，
最好用现磨的哦！

荷兰酱
食材

苹果醋	5ml
蛋黄	2 个
黄油	30g
白胡椒碎	少许
盐	少许
红辣椒	少许
柠檬汁	5~8 滴

做法

1 开中火，在小汤锅里放入少许白胡椒碎，翻炒，锅开始发烫的时候，倒入苹果醋和水的混合液，关火。

2 等到胡椒醋水完全冷却后，锅里放热水和蒸架，开小火，蛋黄放蒸架上，把醋水慢慢地分几次加入蛋黄里，不停地搅拌。

3 慢慢升温，温度不能超过 65℃，用打蛋器小心地搅拌 6~8 分钟。

4 锅离火，同时不要停止搅拌，把融化后的温黄油慢慢倒入蛋浆，另一只手用力打，直至黏稠。

5 把荷兰酱装碗，临上桌时，倒入柠檬汁，搅拌均匀就可以了。

主食材

小土豆	4 个
白芦笋	4 根
盐	少许
糖	少许
柠檬汁	少许
黄油	少许
吐司面包	少许
荷兰酱	4 勺

做法

1 小土豆洗净，带皮放入煮开的水中，小火煮 20 分钟，取出放凉，去皮备用。

2 洗净白芦笋，切去底部，去皮（注意不要提前太久去皮，否则会氧化，影响芦笋白净的外观）。

3 准备煮白芦笋的"水"：盐、糖、柠檬汁、黄油、吐司面包（吸收白芦笋的苦味），大火煮开；白芦笋放入煮 5 分钟，不要煮太久，以口感清脆为最佳。

4 芦笋、土豆装盘，搭配荷兰酱，即可享用。

无花果

无花果，其实是有花的，只是你看不到。所以，名称只是一种习惯和表象。如果我们对人对事，都不止于习惯和表象，该多好啊！像看透一个无花果一样，跳过它的名字，直击美味的本质。

无花果田园沙拉

食材

无花果	2 个
日式南瓜	半个
杏鲍菇	1 个
胡萝卜	1 根
菜心	5 根
虾	5 个

做法

1 日式南瓜切块，上锅蒸 15 分钟。

2 虾放入热水中焯熟。

3 菜心切段、胡萝卜切片、杏鲍菇
  手撕成条，放入开水中焯熟。

4 无花果洗净对半切开，以上食材
  依次码上，浇上油醋汁。

无花果帕玛森沙拉

食材

无花果	2 个
烟熏三文鱼	4 片
生菜	1 棵
圣女果	5 颗
帕玛森干酪	少许

做法

1 生菜洗净，撕成小片；每个无花果切成 4 等份；圣女果对半切。

2 依次放上生菜、三文鱼、无花果、圣女果，浇上油醋汁。

3 帕玛森干酪擦出丝。

香格里拉沙拉

食材

圆白菜	2 片
生菜	1 棵
西红柿	半个
鸡蛋	2 个
玉米	半根
胡萝卜	半根
牧场老酸奶	2 勺
牦牛干巴	2 片

做法

1 生菜、圆白菜洗净撕小块。

2 西红柿切片，胡萝卜切长片。

3 玉米煮熟，剥出玉米粒。鸡蛋煮熟，对半切。

4 以上食材依次码上，加入酸奶和牦牛干巴丝。

小时候和爸爸自驾去香格里拉，下车后的第一顿饭，就被当地的牦牛肉和酸奶所征服了，10多个小时的旅途劳累感瞬间消失。高寒地区的人对奶制品和肉制品的依赖，是一种身体本能的需求，以抵御严寒。这次，试着把香格里拉的"厚重食材"，换一种方式放到夏日清爽的沙拉里！

乳扇山药沙拉

乳扇在云南人的餐桌上，是犹如餐前小食或下酒菜一般的存在。还没开饭时，小朋友如果来厨房捣乱，主妇们就会用煎得黄黄的乳扇"哄"孩子（云南话里的"哄"有打发、应对之意）。乳扇，大概可以理解为一种薄片的奶酪，将鲜牛奶煮沸混合食用酸炼制凝结，制为薄片，缠绕在细竿上晾干而成。不管煎、烤还是直接生吃，都是停不下来的健康小食。这次尝试把煎后的乳扇放入沙拉，提升层次感。

食材

乳扇	1 长片
山药	半根
生菜	1 棵
鸡蛋	1 个

做法

1 油锅微微热，下乳扇煎熟，撕碎。

2 山药去皮切段，蒸熟。

3 生菜洗净撕小块。

4 鸡蛋煮熟，对半切。

5 以上食材依次码上，浇上油醋汁即可。

脸红的土豆沙拉

食材

小土豆	1 个
羽衣甘蓝	1 把
胡萝卜	1 根
西红柿	1 个
苹果	1 个
甜菜根	半个
黄瓜	1 根
油醋汁	2 勺

做法

1 土豆去皮切片，放入锅中煎至金黄色，撒肉松碎。

2 苹果、胡萝卜、甜菜根均洗净、去皮、切块，统一放入榨汁机，
  加一杯水，榨成果汁。

3 鸡蛋煮熟，对半切开；西红柿洗净，切块。

4 羽衣甘蓝洗净，把绿叶部分撕成均匀小片，倒入适量油醋汁
  揉搓。

5 将羽衣甘蓝置于底层，依次放上其余食材，浇汁即可。

红绿灯沙拉

食材

草莓	5 颗
口蘑	3 个
生菜	1 棵
小芒果	1 个
巴旦木	一小碟
橄榄油	适量
黑醋	适量
海盐	适量

做法

1 生菜洗净，撕成小块。

2 口蘑洗净，切片，油锅煎熟。

3 草莓洗净，每颗去蒂切四份。

4 芒果切丁。

5 依次码上食材，加橄榄油、黑醋、海盐调味即可。

舞茸沙拉

食材

舞茸	5 株
羽衣甘蓝	100g
圣女果	7 颗
鸡蛋	1 个

做法

1 鸡蛋煮熟后，对半切开。

2 羽衣甘蓝洗净，把绿叶部分撕成均匀小片，倒入适量油醋汁揉搓。

3 舞茸洗净后手撕成条状，锅中加入黄油、煎熟。

4 圣女果洗净，对半切开。

5 以上食材依次放入盘中，浇上油醋汁即可。

松茸六吃

云南姑娘的胃，装得下一桌子松茸宴，收到朋友从香格里拉寄来的松茸，一边流口水，一边整了个松茸宴，可中可西，可盐可甜。

如何处理松茸?
24 小时内收到的松茸，非常新鲜，用陶瓷刀去掉其根部的泥沙，用湿布擦拭干净即可，这样能更好保留表皮松茸醇。形状较长且完整的松茸，可竖着对半切开，片成像伞一样的薄片，可做刺身或煎烤；形状粗短的可横着切成圆片，炒或炖汤；没吃完的松茸放入密封袋，入冰箱冷冻层，可存放一整年。

松茸蒸鸡蛋羹

食材

松茸	3 个
鸡蛋	2 个
矿泉水	小半碗
酱油	1 勺
黄油	5g
小葱	半根

做法

1 鸡蛋加温水打成糊状，过筛去掉泡泡，上锅蒸至八成熟（8 分钟）。

2 将鲜松茸切片，用黄油煎熟，加到蛋羹上，继续蒸 2 分钟。

3 出锅加酱油，撒葱花。

黄油煎松茸

食材

松茸	3个
黄油	10g
海盐	1g

做法

1 松茸切片。

2 黄油放入锅内，融化后放入松茸片，待松茸变"弯"，即可翻面，两面烤熟后，撒海盐即可。

松茸汽锅鸡

食材

松茸	3 个
土鸡	半只
海盐	2g
姜	1 块

做法

1 鸡肉剁块洗净，和姜片一起放入汽锅。

2 蒸锅加入矿泉水，架上汽锅，借助水蒸气蒸馏出鸡汤。

3 小火蒸 2 小时。

4 出锅前半小时下松茸片。

5 盛出鸡汤，加适量海盐即可。

炭火烤松茸

食材

松茸	3个
盐	1g

做法

1 松茸切片，置于篦子上用炭火烤。

2 烤至弯曲后翻面。

3 再翻面，撒盐即可。

松茸刺身

食材

松茸　　　　2个
酱油　　　　1勺
醋　　　　　半勺
芥末　　　　少许

做法

松茸切片，蘸料汁（芥末、醋、酱油调和即可）食用。

培根松茸
时蔬焖饭

食材

松茸	2 个
胡萝卜	半根
培根	2 片
大米	适量
秋葵	1 根
葱花	少许
酱油	1 勺

做法

1 油锅热，煸炒培根至微焦。

2 放入胡萝卜丁和松茸丁，炒香。

3 以上加入电饭煲中，加入米，水要
　放得比平时微多一些。

4 煮熟前 15 分钟，依次码入培根片、
　秋葵、松茸片，继续焖。

5 出锅后加入酱油调味、撒葱花即可。

高山梅子酒
仲夏梅子露

梅饮

"梅"谁都行，不能没有自己。

高山梅子酒

梅子酒的愉悦感
来自于等待
别急，给它一些时间
就会有好的答案

芒种至，伯劳迎，青梅酒正醒。
"芒种忙忙种"，正是田间耕作
的关键时刻。古时候，文人骚客
煮青梅酒，泡杨梅酒。现当代的
大龄女青年，宜自酿、自饮、自
悦……

这个夏天，买了大理高山老树梅、
黄冰糖，用日系烧酒和老北京二
锅头，做了两罐梅子酒。

| 容器 | 3~4L 容积 |

食材

梅子	1000g
冰糖	600g
酒	1500ml

注：至少要泡够半年，一年
更佳哦！

做法

1 青梅放流水下冲洗干净后，浸泡 2 小时，去除涩味，放在通
风处晾干，用牙签去掉果蒂。

2 找一个干净的容器，用高度白酒消毒（倒入酒摇晃，倒出）。

3 一层梅，一层糖，铺满，倒入酒，密封 3 个月（期间定时开
盖放气）。

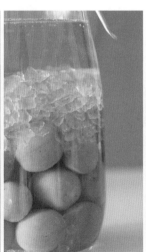

仲夏梅子露

梅子露，像是一个远方的朋友，你们之间隔了时间的距离，重逢时，已不同往昔。所以，你加一点苏打水，想淡淡地饮，或许能稀释掉最初强烈的味道，就像那拿不起的太重的回忆……

食材

梅子	500g
冰糖	500g
苹果醋	30g

做法

1 找一个干净的瓶子，用高度白
  酒消毒（倒入酒摇晃，倒出），
  将梅子洗净去蒂后，一层梅，
  一层冰糖平铺放入瓶中，倒入
  30g 苹果醋。

2 密封置于阴凉通风处，每天开
  盖放气。

3 约两周后可喝，可直接喝，
  或将梅子露和苏打水按 1:6 比
  例混合，加入柠檬、薄荷、冰
  块。放入冰箱存放后饮用口感
  更佳。

巴斯克冰芝士蛋糕
百利甜微醺冰蛋糕
喜凤梨软欧包

小任性
下午茶

巴斯克冰芝士蛋糕

再手残的人，也很难翻车，真的是一个只需要搅拌的蛋糕啊！

低卡版巴斯克蛋糕，把白砂糖替换成甜叶菊，热量一下降低了 280 大卡。（这可是散步 3 小时才能消耗的热量呢！）

食材

奶油奶酪	250g
甜叶菊	6g（也可替换为 70g 白砂糖）
鸡蛋	2 个
蛋黄	1 个
香草精	2 滴
海盐	2g
淡奶油	100ml
玉米淀粉	5g

做法

1 奶油奶酪从冰箱提前取出，室温软化 30 分钟，加入甜叶菊（或白砂糖）用电动打蛋器打发至无颗粒状，分两次加入蛋黄和鸡蛋液继续搅拌均匀。

2 完全打发后，分 3 次加入淡奶油继续搅拌，滴 2~3 滴香草精。

3 筛入玉米淀粉搅拌至无颗粒。

4 取一个 6 寸模具，用油纸垫底，将以上蛋糕液倒入，震出气泡，用刮刀刮平。

5 放入预热好的烤箱里，230℃，烤 25 分钟，冷藏一夜后切块食用。

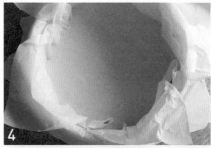

百利甜微醺冰蛋糕

午后就开始微醺的时光实在是太美妙了!

重口味爱好者的最爱,把酒和咖啡都放到同一个蛋糕里,你猜猜会是什么神仙味道?

食材

奶油奶酪	250g
酸奶	150g
巧克力饼干	125g
百利甜酒	100ml
食用明胶	3.5 片
水	75ml
黄油	20g
黑巧克力	45g
咖啡粉	1 袋
奶油	40ml
玉米糖浆	1 汤匙
装饰用咖啡豆	少许
棕糖	适量

做法

1 将棕糖加入黄油，一并入锅加热至融化，放入饼干碎里，搅拌均匀后，放入 8 寸蛋糕模具中压实，放冰箱冷藏一夜。

2 明胶加水浸泡 10 分钟，倒入锅中，加入棕糖，加热至融化。

3 奶油奶酪、酸奶、百利甜酒混合，搅拌均匀。把步骤 2 的液体倒入，混合后，再倒入装有饼干碎的模具内，放冰箱冷藏 3 小时。

4 锅中加入咖啡粉、奶油、玉米糖浆，微沸，倒入巧克力碎，静置 30 秒，搅拌成巧克力酱。

5 蛋糕脱模后，均匀抹上巧克力酱，点缀咖啡豆即可。

喜凤梨软欧包

做面包是一场持久战，连着站了两天做面包，腰酸背痛，就像在死磕一个项目，只有在出炉的那一瞬间，才觉所有的等待都是值得的。

做个喜凤梨，说句"喜欢你"，值得期待的夏天，就用凤梨开个好头吧！

食材

波兰酵种		馅料		凤梨干	
高筋面粉	75g	奶油奶酪	100g	凤梨	300g
水	75g	糖粉	10g	黄冰糖	30g
鲜酵母	1g	（奶油奶酪需提前在室温下软化，混合后放入裱花袋）		柠檬汁	3ml
				水	2ml
面团				朗姆酒	7ml
高筋面粉	175g				
盐	4g				
糖	15g				
鲜酵母	6g				
奶粉	7g				
燕麦奶	50g				
水	50g				
黄油	13g				

做法

1 波兰酵种：所有食材混合，搅拌均匀，室温静置 1 小时，再放冰箱冷藏发酵一夜。

2 凤梨干：凤梨去皮切成小块，和冰糖、柠檬汁和少许水，一齐放入锅中，小火煮至变软，
  水分收干，糖焦化至深色，加入朗姆酒，继续煮 1~2 分钟关火。放入烤箱，90℃烤 30 分钟，
  冷却备用。

3 面团食材（除黄油外）和波兰酵种一起放入厨师机，搅拌至无干粉状加入黄油，继续搅打，
  打出手套膜，放在 28℃环境下，发至两倍大。

4 切割面团，每个"菠萝"的"身体"重量约为 200g，"头"重量约为 30g。

5 将"菠萝"的"身体"擀长，抹上乳酪，加凤梨干，卷起，把"菠萝头"粘上，做造型（将
  小面团压扁，切 4 刀）。

6 放入发酵箱，温度 35℃，湿度 80%，发至两倍大。

7 烤箱预热，风炉 170℃，烤 25 分钟。

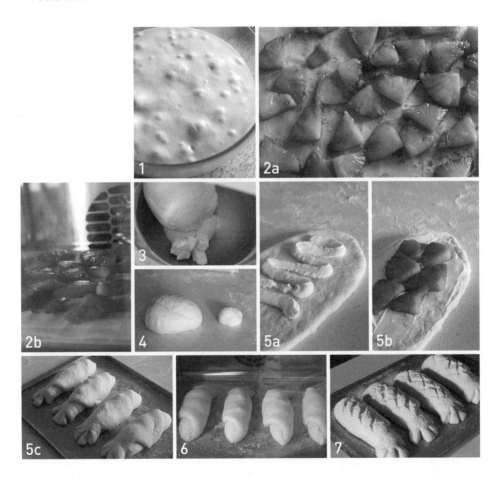

吐司情人——杏酱
微醺杏露

农场杏树

六七月的杏，就像快要落下的太阳，圆鼓鼓、黄灿灿，仿佛用
尽了生命的璀璨在和你说："再不享用，就会错过啦！"被朋
友叫去农场摘杏，完熟的杏，酸甜比刚刚好，做成杏酱和杏露，
早上抹面包吃，中午泡茶喝，晚上特调杏露鸡尾酒。从农场到
餐桌，善待每一个被大自然好好对待的食物。

杏酱 吐司情人——

食材

杏	500g
冰糖	100g
柠檬	1/4 个

注：糖杏比 1:5，可根据杏的成熟度适当调整糖量。

做法

1 杏洗净晾干，每颗去核切 4 瓣。

2 冰糖、杏、半碗清水加入不锈钢锅中熬煮，加少许柠檬汁，小火煮 30 分钟，煮成粘稠状即可，晾凉，装入密封性好的玻璃瓶中，放冰箱存放。

3 吐司切片后涂抹杏酱；或将气泡水、茶水中加入杏酱搅拌皆可。

微醺杏露

糖杏比 1:1，杏洗净晾干，一层杏，一层冰糖，放入密封瓶，最后加入 30g 苹果醋，放阴凉通风处 1 个月即可饮用（饮用后如有剩余，放入冰箱冷藏）。

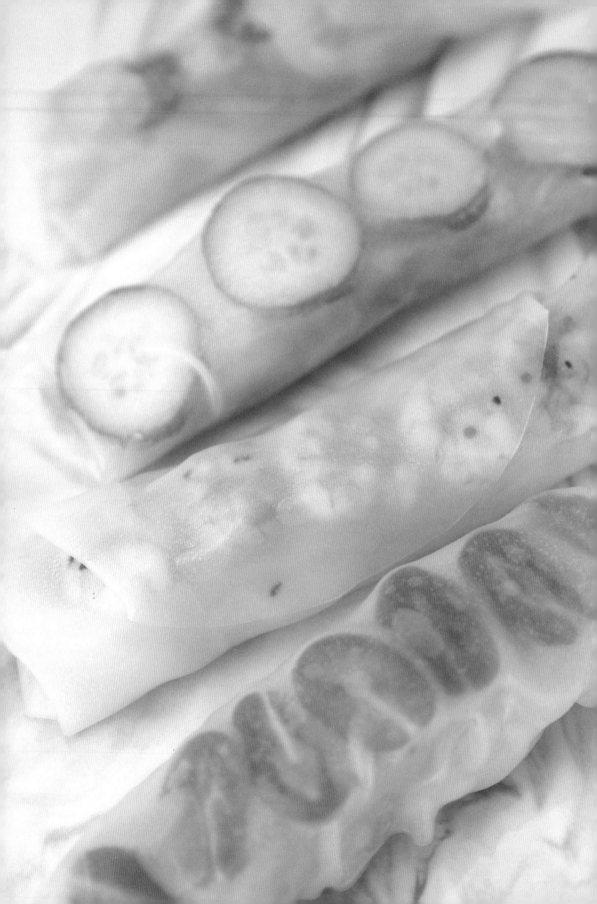

舒缓系彩虹春卷

周末舒缓轻食，净化一下肠胃吧！

越南春卷皮，是用稻米磨浆制成的米皮，拥有像面膜一般的透明质地，每次摊开，都有一种给蔬菜做面膜的恍惚感……用这个"面膜"，包裹五颜六色的蔬菜，给你的肠胃做个天然美容吧！

食材

春卷皮	80g
胡萝卜	1 根
黄瓜	1 根
秋葵	150g
圣女果	12 颗
卷心菜	100g
鸡蛋	2 个
大豆油	5ml
虾仁	50g

春卷 Notes

1. 春卷皮不破的秘密——用温水泡 5 秒，一次泡一片，不然会黏在一起，不能泡太久，否则会破。
2. 卷好看的秘密 —— 最先放条状蔬菜，折叠后再放最外层的"门面食材"。

做法

1 所有食材切条备用。

2 将春卷皮放入装有 60℃温水的容器里，浸泡 5 秒取出。

3 春卷皮平铺在盘中，底部放入蔬菜，往上卷，把两边的春卷皮向内折，再放入顶部的食材，继续向上卷。

4 灵魂蘸料：2 勺辣椒酱、4 勺米醋、2 勺酱油、2 勺蜂蜜、半个柠檬、少许芝麻，搅拌均匀。

冰糖杨梅
晚霞杨梅酒

杨梅

冰糖杨梅

春末夏初回了趟大理，和妈妈去菜市场，一堆堆杨梅像小山一样立在地面，新鲜得仿佛能看到它每一个呼吸的毛孔，一下子就买了几座"山"回来，连着吃了几天都不腻。和身为大理土著的三姨学做了冰糖杨梅，杨梅洗净放冰糖，放蒸锅蒸到冰糖化开就好，凉了放冰箱，每次进家门，第一个动作就是打开冰箱，吃上几口！

食材

杨梅	500g
冰糖	100g

做法

1 杨梅洗净，用淡盐水浸泡半小时，洗净后控干水分。

2 杨梅放入可加热的器皿中，均匀放上冰糖，上蒸锅，蒸至冰糖化掉即可（约 15~20 分钟）。

3 取出放凉后，入冰箱冷藏，随吃随取。

2a

2b

古怪杨梅新吃法

今年的杨梅季，在冰糖杨梅的基础上，加椰子片，加薄荷，加淡奶油，加奶油奶酪……各种新奇的吃法。好在冰糖杨梅底子好，可以和各种食材搭配，也怪好吃的！

晚霞杨梅酒

酿酒，是把时间放入瓶子里，慢慢等待转化的诚意。芒种，和朋友一起酿了杨梅酒，约定好3个月后一起开瓶，还有什么比一起把心意放入瓶子里，一起慢慢等待，更美好的事吗？

食材

杨梅	500g
冰糖	100g
大理包谷酒	600ml（亦可选用其他40度左右的高度酒，伏特加、朗姆等皆可）

做法

1 杨梅洗净，淡盐水浸泡半小时，洗净后控干水分。
2 预先备好消过毒的玻璃瓶（洗净后用白酒消毒），按一层杨梅、一层冰糖的顺序交错放入，最后倒入白酒。
3 将泡好的杨梅酒放至阴凉处保存，2个月后即可享用。

杨梅酒 Notes ─────

1. 杨梅在盐水里浸泡，可去除部分杂质和小虫。
2. 酒要把杨梅完全淹没，否则容易变质。
3. 至少泡2个月，3~5个月时口感最好，密封好的情况下杨梅酒可以存放2年。

食材

玉米	1根
冬瓜	250g
山药	1根
胡萝卜	1根
莲蓬	2个
排骨	500g
姜	4片
盐	2g

做法

1 排骨冷水下锅，焯水后，沥干
　备用。

2 玉米切4段，冬瓜、山药和胡
　萝卜去皮切块，莲子剥皮。

3 锅中依次放入以上食材和姜片，
　水开后，转小火炖煮2小时，
　加盐即可。

仙人莲蓬

玉米汤

七月的莲蓬，鲜嫩得很。搭配冬瓜、山药等药食同源的食物一起，
每喝下一口，都感觉是来自仙界的问候。

秋

洋芋黄焖鸡
台式三杯鸡

贴秋膘

秋天吃肉，是一种身体需求，也是情感需求。一次，和台湾朋友聊天，互诉离开家后最怀念的菜，我说黄焖鸡，他说三杯鸡，对于两个此刻都不在故土的人来说，在伤春悲秋的季节里，想到却吃不到，实在是悲伤。感伤完，立马去买了食材，做只鸡，给身体和心一起贴个暖秋膘。

洋芋黄焖鸡

云南的黄焖鸡，虽说各家有各家的做法，谁都不服谁，但属永平县的黄焖鸡最无争议，古时一直作为博南古道沿线的众多马店驿站用来招待过往客商和官员驿使的首选名菜。记得小时候陪爸爸出差，路过永平，一路颠簸毫无胃口。店家都是现点现杀现做，一只鸡起点，2个人吃，本以为会浪费，做好端出的那一刻，胃口瞬间来了，鸡肉外酥内软，极其入味。两个人闷头大吃，路上的乏和累，就这样一口一口地被吃没了。

食材

鸡	1/4 只
土豆	2 个
葱	1 根（切小段）
姜	3 片
蒜	4 瓣
干辣椒	一小把
盐	少许
生抽	1 勺
老抽	半勺
蚝油	半勺

做法

1 下葱、姜、蒜、干辣椒炒香。

2 下鸡肉翻炒出香味。

3 加入土豆，加生抽、老抽、蚝油翻炒。

4 加水，没过食材，盖锅盖小火焖至水干起锅。

台式三杯鸡

三杯鸡的故乡是江西，后流传到台湾，成了台湾菜的代表性菜品。烹制时不放汤水，仅用米酒一杯、猪油或茶油一杯、酱油一杯，故得名。为了这道纯台式三杯鸡，特意买了台湾的米酒、金兰油膏、胡麻油。好奇这个米酒，还偷喝了两口，20度左右，和我想象中甜甜的米酒完全不同，它是真的白酒！

食材

鸡	1 斤左右
金兰油膏	30ml
红标米酒	40ml
胡麻油	10ml
葱	2 根（切段）
姜	8 片
蒜	10 瓣
老冰糖	3 块
九层塔	少许

灵魂三杯鸡料

金兰油膏	30ml
红标米酒	40ml
胡麻油	10ml 的比例混合到一起。（这个量，匹配一斤鸡肉哦）

做法

1 将鸡腿肉剔骨，切成稍大的丁块，焯水。（若采用带骨鸡腿肉，焯水时间需要长一些）

2 起锅烧油，加入葱姜蒜，煸炒出香味，加入鸡块继续煸炒。加入三杯鸡汁、老冰糖，小火焖煮。起锅前 3 分钟，加入九层塔，起锅，开吃啦！

剔骨的鸡腿肉，嫩滑；有骨的鸡腿肉，啃得有趣！想怎么吃，就看你喽！

紫苏蒸蟹
仙女的蟹粥
秃黄油米线

蟹蟹宴

紫苏蒸蟹

螃蟹和姜，青梅竹马；螃蟹和紫苏，怦然心动。蒸蟹，配紫苏和生姜，去腥避寒，再配一壶温热的黄酒，秋天的鲜，就这样温温热热地舒展开来……

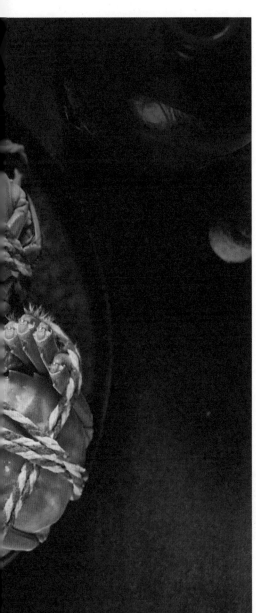

食材

大闸蟹	8 只
紫苏	10 片
姜	2 片
醋	1 勺

做法

1 大闸蟹先在淡盐水里浸泡 1~2 小时吐沙。

2 将蟹钳和蟹肚用刷子洗净。

3 香葱、姜清洗干净并切段，取少量紫苏一起垫在盘底。

4 将一部分紫苏放在水中，大火烧开。

5 将蟹肚皮朝上摆放在盘子里，上锅蒸 15 分钟。

6 调姜醋蘸食。

姜汁醋做法：老姜磨蓉，加入适量的香醋调匀即可。

螃蟹 Notes

1. 螃蟹是高胆固醇、高嘌呤食物，痛风患者禁食。螃蟹的鳃、沙包、内脏含有大量细菌和毒素，吃时一定要去掉。

2. 肚皮朝上蒸，可以防止蟹黄流出来。另外，螃蟹的外壳较硬，将外壳朝里肚皮朝上，蒸制更快，熟得更透。

仙女的蟹粥

吃蟹时，总是会感觉到缺失一种饱腹感。碳水带给人的安心感，有时是蛋白质类食物不可满足的。一碗蟹粥，除了蟹鲜、米香，还需有一点点俏皮感，加一点点芹菜和葱，瞬间有了灵动的海风味。

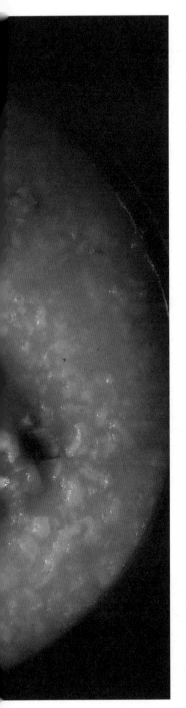

食材

大米	1 杯
虾	10 只
螃蟹	2 只
干贝	10 个
葱	2 根
芹菜粒	20g
姜	2 片
盐	少许
白胡椒粉	少许
料酒	少许

做法

1 大米用水浸泡 30 分钟，捞出沥干。（让米充分吸收水分可让粥更香软）。

2 将大米与冷水放入砂锅中，大火烧开后迅速转为小火煮 20 分钟。（水的量是米的 5~8 倍，水尽量在第一次就加好，后期不再加水）。

3 去虾头，剪开虾身去泥线，姜丝料酒腌制。砂锅中放油，放入虾头炸出虾油。

4 螃蟹清洗干净后，用筷子从膏蟹嘴里戳进去，上下掰开，去除蟹心、蟹胃。再拆绳子，避免被钳子夹。去掉蟹肺，将蟹身底部的壳整个剪掉。蟹身一分为二，蟹钳用刀背拍开裂缝。

5 煮好的粥里，放入虾油、蟹、泡发好的干贝和处理好的虾，大火烧开后转小火慢炖。

6 放盐和白胡椒粉，出锅前加葱和芹菜粒。

秃黄油米线

云南的米线,多是以猪、牛、羊肉为馅料,味道以酱香和麻辣为主。米线里除了放肉酱,还要放梅子醋、小米辣、折耳根等辛辣的调料,吃完一碗,就像从山里跑出来一般,野得很;这次尝试把江南的"秃黄油"放入米线,与牦牛干巴松茸酱搭配在一起,就像置身于水乡和山涧中,鲜味和野味互相照顾了彼此。

食材

大闸蟹	8 只
猪油	3 勺
色拉油	4 大勺
葱	1 根
黄酒	2 勺
姜	2 片
盐	少许
牦牛干巴松茸酱	少许
香醋	少许
白胡椒粉	少许

秃黄油 Notes

"秃黄油"的"秃"是"只有"或"独有"的意思。"秃黄油"指的是大闸蟹蒸熟后,只取蟹黄、蟹膏进行熬制,不掺杂一丝蟹肉。

做法

1 蟹蒸熟后拆解。蟹黄和蟹肉需单独放在一个碗里。
  用剪刀把蟹脚最粗的关节两头剪掉。得到一个中空的蟹脚,然后用后一个关节将蟹肉推出来。(注:蟹心在蟹黄中心,呈六边形,极寒,需去掉。)

2 倒入 4 大勺的色拉油,放入葱段,用小火炸至葱段变成金黄,香味散出,捞出葱段,留下葱油。

3 挖 2 大勺猪油,放入葱油中熬至猪油融化。下入蟹黄,小火慢慢翻炒,油量要盖过蟹黄。不停地翻动直至蟹黄与油融合,锅中油渐渐变成金黄色后,加入蟹肉再继续慢慢熬制,约 5 分钟,熬制过程中用锅铲将蟹肉捣碎。

4 沿着锅边烹入黄酒去腥,炒香后再加入姜末,炒均匀后沿着锅边烹入少许香醋,加入少许白胡椒粉和盐,出锅。放玻璃瓶里密封保存,凉后入冰箱冷藏。

5 米线煮熟后,加入秃黄油和牦牛干巴松茸酱尽情享用即可。

汽锅鸡
豌豆公主的鱼汤
龙眼百里香咖啡

秋补水

汽锅鸡

小时候，觉得鸡汤是老人的专属品，自己主动喝鸡汤的概率几乎为零，大概是觉得自己不需要"补"。但工作后，自己主动煲鸡汤的频率越来越高，总想给自己补一补，不过动辄2小时的炖煮，几乎只能在周末实现。

记得某次，晚上加班回到家，接到家乡朋友的来电，哭着抱怨了一通和爸妈相处的不愉快，后悔当初选择回家工作，没有留在大城市。刚想要吐槽一下自己加班的事儿，给她一些心理补偿和平衡，还没开始，就听到电话那头，传来了她妈妈的声音："出来喝碗土鸡汤，特鲜！"朋友在电话那头似乎止住了哭腔，匆忙结束对话，跑去喝鸡汤了，留我一人干咽口水。

鸡汤，有时更像是一次握手言和，藏着没有说出口的关怀。即使是在没有人给煲鸡汤的日子里，也要自己给自己煲，自我关怀也是一种关怀嘛！

食材

土鸡　　　　　　1/4 只
生姜　　　　　　3 片
盐　　　　　　　少许

做法

1　鸡肉洗净，剁小块，放入汽锅内，铺上姜片。
2　汽锅放在蒸锅盖上，将蒸锅周围用毛巾包严，防止蒸汽流失，大火烧开水，转小火蒸 2 小时。

汽锅鸡 Notes

汽锅鸡的精髓在于它的汤，锅里不加一滴水，利用水蒸气高温加热，逼出鸡肉的油脂和水分，汤汁要比一般的鸡汤更鲜醇，且无杂质。

豌豆公主
的鱼汤

奶白色的鱼汤中，总要有点绿，视觉上是雾中绿洲，味蕾上是鲜上加鲜。

食材

豌豆粒	50g
口蘑	4 个
姜片	2 片
鱼块（鲈鱼、鲫鱼）	3 块
萝卜	1/4 个
白胡椒粉	少许
盐	少许
香菜	少许

做法

1 鱼剖腹后，清洗干净待用。

2 把鱼放入三成热的油中过油，
  去除鱼腥。

3 锅中加入热水、萝卜丝、豌豆粒，
  用小火炖煮 30 分钟。

4 起锅时加入白胡椒粉、盐、香
  菜等。

龙眼百里香咖啡

白露是反映自然界寒气增长的重要节气,昼夜温差大,看早上的露珠就知道植物都开始瑟瑟发抖,冒冷汗了,你还不赶快添件衣服!

除了给身体保暖,肠胃也需要保暖,多吃温补食物,比如龙眼。白露吃龙眼,胜过吃只鸡。龙眼甘温,补气补血,白露的午后,来一杯神清气爽的"龙眼 + 木瓜水 + 百里香 + 意式浓缩"吧!

食材

龙眼	8 个
咖啡液	1 份
冰粉	20g
百里香	2 株
蜂蜜	适量

做法

1 把开水倒入盆中,再加入冰粉粉末,用勺搅拌至没有颗粒。室温晾凉后放到冰箱,冷藏 3 个小时,凝固即可。

2 蜂蜜用 40~60℃的温水冲泡,甜度可根据加蜂蜜的量自行调节。龙眼剥皮,取 2 个完整的作为装饰备用,其余混合蜂蜜水,用料理机打碎。

3 萃取咖啡,加入冰粉、龙眼汁、百里香,最后在杯顶部点缀龙眼串。

牛油果香蕉奶昔
牛油果鸡蛋三明治
牛油果烤蛋

无滤镜牛油果

牛油果、燕麦奶、羽衣甘蓝、鹰嘴豆……诸如此类的食物，似乎被总被冠以"中产阶级食物"的称号。其实啊，食物和人一样，从来不分三六九等。

好了，现在，让我们扔掉对食物的固有滤镜，去吃它吧！

牛油果
香蕉奶昔

好朋友从内蒙古来到北京，因为我那段时间早出晚归，索性把厨房大权交给她。某天回到家，被她"反客为主"了，端上一杯淡绿色的饮品，还以为是她从内蒙古带来的某种奶制品特产。

"哇，你们内蒙古的奶就是不一样，自带一股草香！"

"是我刚才在楼下买的牛油果和香蕉，加了你冰箱里的牛奶，用榨汁机榨的啦！"

瞬间尴尬了，因照顾不周，本想拍个"奶屁"，还没拍成功……

牛油果负责绿，香蕉负责稠，有了组合最基础的默契，你可以在里面加坚果，在外面加时令水果topping（顶部装饰）；把牛奶换成酸奶，会更浓稠；把香蕉冷冻后再搅拌，就是洋气的思慕雪……

对于牛油果和香蕉，从来没有一个定式的组合，就像生活里的无限可能。你需要做的只是，保持一个好胃口，保持一颗好奇心！

食材

香蕉	1根
牛油果	半个
牛奶或酸奶	1袋

做法

1 香蕉剥皮，切段。
2 牛油果对半切开，去皮切块，放入榨汁机，和香蕉、牛奶一起搅拌成丝滑状。
3 顶部根据个人口味加坚果、水果等即可。

牛油果
鸡蛋三明治

吐司是基础中的基础，就像你衣柜里的白衬衣，橱柜里的白盘子，鞋架上的小白鞋，调料架上的小盐瓶……如何和基础相处，如何"日日相见，日日新"？实际上，任何蔬菜、水果、肉蛋奶……都可以作为吐司的 topping，就像在白纸上画画一般，你需要做的只是，大胆想象，勇敢落笔。

世界太快，声音太多。实际上，我们从来不缺颜色，只缺一张干净的白底，不是吗？

食材

吐司	2 片
牛油果	半个
鸡蛋	1 个

做法

1 鸡蛋煮熟后，切碎。

2 切碎牛油果，将其与鸡蛋混合，挤上柠檬汁，搅拌成酱。

3 吐司中加入制好的酱即可。

牛油果烤蛋

食材

鸡蛋	1个
牛油果	1个
黑胡椒	少许
盐	少许

做法

1 牛油果对半切开，沿着刀口旋转开来，分成两半，去核。

2 打一颗鸡蛋，过滤蛋白，将蛋黄倒进去。

3 根据喜好撒上盐和黑胡椒。

4 放入预热好的烤箱里，180℃，烤 15~20 分钟。

鹰嘴豆的家族狂欢

鹰嘴豆 Chickpea，直译为"鸡豆"，顾名思义就是鸡嘴豆。其学名（拉丁文名）Cicer arietinum 中，第二个单词是类似公羊的意思，或许当时的人感觉它的外观更形似公羊的头。所以我猜想，最早发现它的人觉得它像公羊的头，外国人觉得它像鸡嘴，中国人觉得更像鹰嘴……所以，Chickpea，到底像鸡？像鹰？还是像公羊呢？

叫什么名字不重要，重要的是它很健康，鹰嘴豆富含高蛋白、丰富的纤维素和抗氧化剂，吃完"超长待机"，抗饿，有饱腹感。选对了做法，你别说，还真挺好吃！难怪近几年在社媒上爆火，是各类维密超模的健康标签，凸显出"我没有在节食，只是吃得很健康"的高级感暗示。

市面上的鹰嘴豆有两种，一种是罐头装，是熟的，可以直接搅拌；还有生豆装，需要提前一晚上泡水，水尽量多一些，第二天煮1~2小时，煮软即可。

怎么吃——

早餐：抹面包
午餐：拌沙拉、配蔬菜条
晚餐：配意面

很百搭，大概是"轻食界
老干妈"一般的存在。

原味鹰嘴豆泥

鹰嘴豆（煮熟）	100g
蒜	2 瓣
柠檬	1/4 个
芝麻酱	1 汤匙
橄榄油	1 汤匙
水	2 汤匙
盐	半茶匙
孜然粉	半茶匙

以上为基础款，你可以发挥你的想象力，把各种颜色放进去。

不同颜色的鹰嘴豆泥：

Celine 红

基础款 +10g 甜菜头（甜菜头去皮切块，放烤箱，200℃烤30分钟，变软即可）

落日黄

基础款 + 10g 姜黄粉

复古紫

基础款 +10g 紫薯粉

淡黄的长裙

基础款 +10g 南瓜粉

— 鹰嘴豆泥 Notes —

我个人喜欢有点颗粒感的鹰嘴豆泥，现吃的话，搅拌好放进小碗，淋一点点橄榄油，撒一点辣椒粉上桌。存放的话，装到密封容器中，冰箱冷藏，一周吃完。

柿子薄饼

农场柿子树上的果实成熟了，约了朋友一起
来上树摘柿子，软度适中的柿子，放入薄饼里，
来一场关于秋天的"柿子幻想记"……

食材

鸡蛋	2 个
柿子（软度适中）	1 个
淡奶油	80g
糖	20g
低筋面粉	140g
燕麦粉	20g
盐	1g

做法

1 柿子去皮，压成泥状，与淡奶油、蛋黄、低筋面粉一起搅拌均匀。

2 蛋清中加入白砂糖，打发至呈现小弯勾状，与步骤 1 的面糊混合均匀。

3 凉锅放入面糊，开火表面出现大气泡时翻面，翻面后再煎 10 多秒钟出锅。

4 打发淡奶油，切柿子丁，在薄饼上装饰即可。

柿子 Notes

柿子为什么涩？

柿子中鞣酸是罪魁祸首，若柿子没有成熟或者是没有进行脱涩处理，其中还会有大量的鞣酸，这种物质很容易与蛋白质、果胶、纤维素结合，形成固状物，在食用时该物质会附在口腔黏膜和舌头表面，造成酸涩感觉。

如何催熟柿子？

借助其他水果：将柿子和成熟的水果放在密封塑料袋中，放在阴凉处，2~3 天即可催熟。

高温催熟法：将柿子放到温度在 40~50℃ 的地方，一个星期后就会变熟。

如何保存柿子？

冷冻：将柿子放入冰箱冷冻室中，要吃的时候拿出来用冷水解冻或直接吃就可以。

熬酱：将柿子去皮后小火慢煮至浓稠状，加糖和柠檬汁。

食材

燕麦奶	100ml
生菜	100g
苦菊	100g
紫甘蓝	100g
吐司	2片
肉肠	1根
鸡蛋	2个
洋葱	半个(小)
鹰嘴豆泥	30g
芝士	少许
橄榄油	少许
黑醋	少许
盐	少许
萃取好的咖啡液	适量

做法

1 吐司上放入洋葱丝、芝士、肉肠，撒黑胡椒，入烤箱180℃烤5分钟。

2 生菜、苦菊、紫甘蓝洗净撕碎备用，加入橄榄油、黑醋和盐，拌匀，顶部加1勺鹰嘴豆泥。

3 萃取好的咖啡液中加入燕麦奶。

舒缓系早午餐

身体与食物和解，趋近于"Peace & Love"的状态。

身边有很多乳糖不耐受的朋友，每次不小心食用了牛奶，身体立马有各种反应，我虽然没有乳糖不耐受，但喝牛奶也会偶尔有胃胀的情况，尝试把牛奶换成燕麦奶，喝完身体会轻盈舒缓很多。燕麦奶中，碳水化合物、糖、脂肪与饱和脂肪酸含量较低。另外，它不含胆固醇，同时还有抑制人体对胆固醇吸收的作用，可以有效降低血液中的胆固醇。更重要的是，相比牛奶，它对环境也更为友好。生产 1L 燕麦奶只需 48L 水，比牛奶少92%，也减少了温室气体的排放。所以，牛奶之余，偶尔可以换燕麦奶喝喝，用我们的选择助力更好的世界。

冬

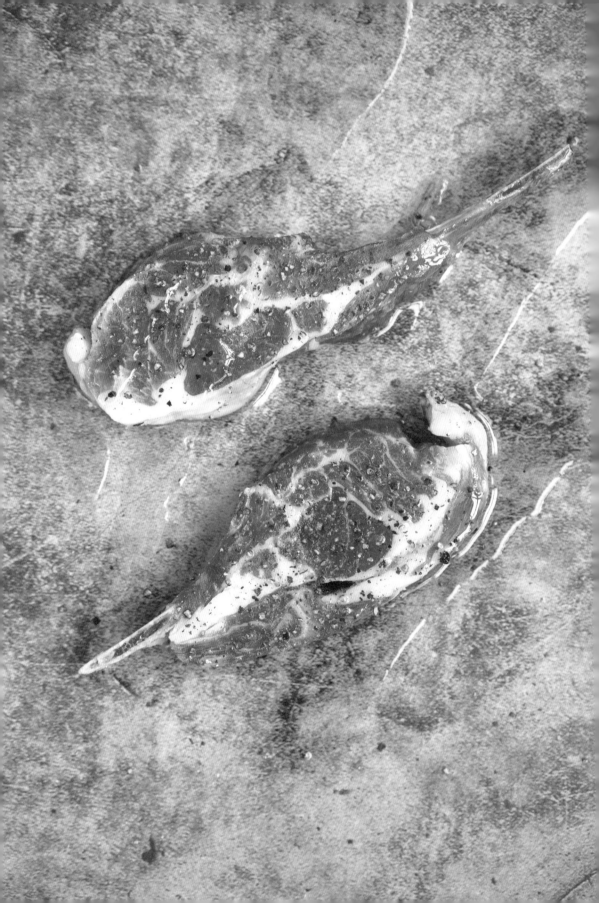

进补牛羊肉

卤牛肉
煎牛排
烤牛肉干
少女粉烤羊排

用慢慢的火把食物做软，是冷天气里的一道疗愈料理。厨房里散出的热气，一点点把冷空气吞没，房间就这样在咕噜咕噜中，慢慢从冬天变成了夏天。因为一锅炖菜，房间里聚起来的人越来越多，说着笑着，围着热腾腾的菜，互相取暖……

卤牛肉

做一份卤牛肉，放冰箱里，一个人可以分几次吃，直接吃、蘸酱吃、配面吃，配你自己的心事和故事吃。

食材

牛腱	500g
生姜	5 片
蒜	1 头
葱	2 根
料酒	少许
冰糖	50g
生抽	10ml
老抽	10ml
盐	15g

卤料包：良姜、小茴香、香叶、八角、山奈、桂皮、花椒少许

做法

1 牛腱解冻后放葱、姜、料酒焯水，焯至有泡沫浮起来了就捞出冲冷水，滤干水分备用。

2 炒糖色，热锅 30ml 油入锅，下 50g 冰糖，小火让冰糖融化，并不断搅拌防止黏锅，糖融化变成深红色，放入滤干水分的牛腱，翻炒至所有部位都裹上糖色。

3 加料：此时加入提前准备好的姜片、蒜粒、生抽 10ml、老抽 10ml、盐 15g、卤料包，加热水 2~2.5L 淹没过食材（喜欢吃麻辣的朋友，此时可加入适量辣椒干和红花椒）。

4 卤煮：一边卤一边调味，大约煮 20 分钟就煮好了，关火盖锅盖，焖 2 个小时入味。

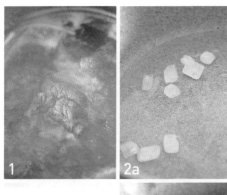

卤牛肉 Notes

做卤牛肉，最好用牛腱子，因为它肉里包筋、筋内有肉！筋肉纵横交错，层次分明，肉质细腻紧实，适合炖煮。

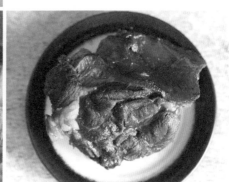

煎牛排

"失之毫厘，差之千里"，放在做牛排这件事上再恰当不过了。别看简简单单的一块肉，只要用心对待每一个步骤，你将会得到一块嫩到足以释放一切坏情绪的好牛排！

食材

牛排	1 片
橄榄油	2 勺
黑胡椒	少许
海盐	少许
时蔬	若干

做法

1 要预处理！
  牛排提前一天冷藏解冻，吃之前用黑胡椒、橄榄油、海盐调味，静置20 分钟。

2 要定时！
  单面煎 1.5 分钟，不到时间不翻面。

3 要醒肉！
  盛出后静止 3 分钟，倒出血水。

4 要搭配时蔬！

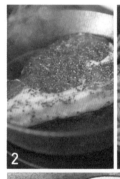

烤牛肉干

懒人版麻辣牛肉干，高蛋白、低脂肪、低热量，是非常适合增肌塑形人群的懒人小零食。烤完后分装到小袋子里，随身带着，没办法按点吃饭的时候来一小块，在饥饿到来之前，先温柔地赶走饥饿。

食材

牛肉	500g
洋葱	1/4 个
姜	少许
盐	适量
单山蘸水辣	少许
芝麻	少许
黑胡椒	少许

做法

1 牛肉、生姜冷水入锅，焯水后放凉。

2 烤箱预热 220℃，放入牛肉、洋葱、盐，烤 20 分钟。

3 取出洋葱，牛肉翻面，放入黑胡椒、辣椒粉、芝麻，再烤 5 分钟。

少女粉烤羊排

法式羊排，准确地说并不是轻薰慢煮或普罗旺斯式的料理方式，而是一种精致的形式，法式切肉范围比较小，取其精华，相比英式切割和巴西式切割，切出来的羊排更像是一个少女粉的棒棒糖。

始终保持一颗少女心，做不忌年龄的勇敢事。

食材

羊排	2 个
洋葱	1/4 个
橄榄油	2ml
黑胡椒	少许
海盐	少许
芦笋	3 根
口蘑	4 个
圣女果	8 颗
樱桃萝卜	3 个

做法

1 羊排提前一天冷藏解冻。

2 取出羊排后，用橄榄油、海盐、黑胡椒腌制半小时。

3 黄油热，放入羊排双面煎黄，10余秒就可取出。

4 洋葱及其他配菜铺底，放入烤箱，200℃烤 15 分钟即可。

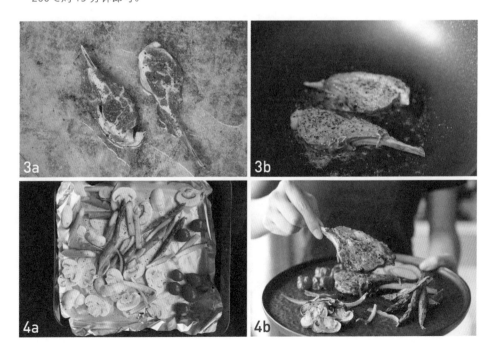

暖冬碳水
俱乐部

青酱意面

青酱（Pesto）在意大利语中原意为"敲打"，和颜色毫无关系。制作青酱的原始方法，是把罗勒叶、大蒜、松子和粗盐一起放在石头研钵里，用木杵捣成糊状的酱料。我们现代人为了方便，改用料理机制作，或直接买现成的青酱。这样虽然能够快速做出一盘青酱意面，却让它少了一份独有的折腾感和仪式感。

有些人会用薄荷、欧芹、香菜等绿色时蔬来代替罗勒叶，但不可否认，罗勒才是制作青酱的鼻祖，也是青酱意面的最佳搭档。如果你是一个对食材有着严格要求的人，那我非常推荐你在家养几盆罗勒盆栽。毕竟罗勒是一种极其好种的植物，无需花费多少心力即可存活，种好后可以随用随取，新鲜方便。从这个角度上来看，罗勒就像是妈妈种在阳台上的葱。

青酱所需食材

罗勒叶	500g
松仁	80g
巴旦木	50g
蒜	50g
橄榄油	10ml
柠檬	1/8 块
盐	少许
黑胡椒	少许
帕玛森干酪	1 小块

做法

1 将罗勒叶放入开水中煮半分钟，再放入冰水浸泡，去除苦涩味。

2 所有原料加入料理机，混合打碎，挤上柠檬汁搅拌均匀，放入密封容器，顶部加入橄榄油，以防止氧化变黑。以上为 10 人份，放冰箱可存放 3~5 日。

青酱意面所需食材

青酱	2 勺
意面	一人份
黄油	5g
橄榄油	少许
盐	少许
黑胡椒	少许
帕马森干酪碎	少许
萨拉米香肠	2 片
罗勒叶	少许

做法

1 水烧热，加入橄榄油和盐，放入意面，小火煮 10~15 分钟，煮软捞出备用。

2 锅中加少量黄油，放 2 勺青酱煸炒。

3 加入意面，按个人喜好撒入盐、黑胡椒、帕玛森干酪碎调味。

4 装盘后摆上萨拉米香肠 2 片、罗勒叶。

蔬菜丁丁意面

食材

胡萝卜	半根
芹菜	1 根
淡奶油	半碗
大蒜	2 瓣
罗勒碎	少许
黑胡椒	少许
帕玛森干酪碎	少许
黄油	5g
意面	一人份

做法

1 水烧热，加入橄榄油和盐，放入意面，小火煮 10~15 分钟，煮软捞出备用。

2 起锅，锅中加少量黄油，放胡萝卜丁、芹菜丁、罗勒碎、蒜末，加淡奶油。

3 加入意面，按个人喜好撒入盐、黑胡椒调味。

4 装盘后，擦上帕玛森干酪碎。

海鲜意面

食材

口蘑	4 个
罗勒叶	一小把
淡奶油	半碗
鳕鱼	1 块
黑胡椒	少许
帕马森干酪碎	少许
黄油	5g
意面	一人份
橄榄油	少许
盐	少许

做法

1 水烧热，加入橄榄油和盐，放入意面，小火煮 10~15 分钟，煮软捞出备用。

2 锅中加少量黄油，鳕鱼下锅两面煎熟，取出备用。

3 锅中加入口蘑片，炒香后加入意面和罗勒叶，按个人喜好撒入盐、黑胡椒、淡奶油调味。

4 意面装盘后，加入鳕鱼，顶部擦上帕玛森干酪碎。

阳台葱油面

21 天养成一个习惯，21 天也可以长出一盆葱！

从外地回来，抬头一看阳台上的葱，大惊，竟然那么高了，感慨植物在你离开的日子里，并没有"茶不思饭不想"，只要天气适宜，就会自在生长！既然你如此葱郁，那我就不客气啦！薅一把，今儿做葱油面！

食材

生抽	4 勺
老抽	2 勺
蚝油	1 勺
糖	半勺
葱	一小把
面条	一人份
油	一小碗
盐	少许

葱油 Notes

怎么实现葱自由？
买葱头，插入土中，表面覆盖一层薄土，夏天每日浇水，放阳台有光照处。21 天就可以吃上葱啦！

怎么吃葱？
做葱油面，是最能吃到葱风味的做法。要小葱，不要大葱，洗净后葱切 5cm 长小段。

调料比？
生抽：老抽：蚝油：糖
4：2：1：0.5
（注：炸葱的油和生抽的量一样）

怎么吃？
一份面，放 3 勺葱油。
炸好的葱油，放冰箱冷藏可存放一个月，吃前搅拌，避免分层。

懒人，一人食，必备！

做法

1 热锅冷油，放葱段（一定要将水沥干再放入油锅里），油要盖过葱，全程小火炸 15 分钟，偶尔翻动。怎么才算炸好？听葱的声音，类似翻动干树叶的声音就好了。或者看颜色，褐色时即可盛出，绝对不是黑色！

2 煮沸水，下面条，面条芯熟软后，捞出，冲凉水，保证 Q 弹口感。

3 将生抽、老抽、蚝油、糖按比例调和，浇在面上，再放葱油，拌匀即可食用。

冬至的饺子

在北方，似乎任何节日都和饺子有关，对于一个土生土长的南方人，实际上对吃饺子这件事是没有太多主动意愿的。记得小时候，会把饺子戳开，把肉馅夹出来给爷爷，自己吃皮，爸爸说那别费劲了，给你煮饺皮不就好了。我立马不乐意了，"可是光吃皮会没肉味，但吃整个饺子又会觉得肉味太重啊！"所以，南方姑娘对饺子的愉悦感，大概是来自于弱弱的肉味＋饺皮＋蘸水。这个冬至，和朋友们一起包了肉感不重的三鲜饺子。

食材

胡萝卜	1 根
木耳	4~5 朵
口蘑	5 个
白菜	2 把
虾	5 只
小葱	1 根
鸡蛋	1 个
豆腐	1/4 块

做法

1 鸡蛋打散后煎成蛋饼，横切成条，再竖切成丁。

2 木耳、白菜、胡萝卜、口蘑、虾、豆腐焯水，切成丁。

3 以上所有食材加盐拌匀。

4 和面，擀成面皮，包饺子。

5 煮熟后，调制蘸料即可。

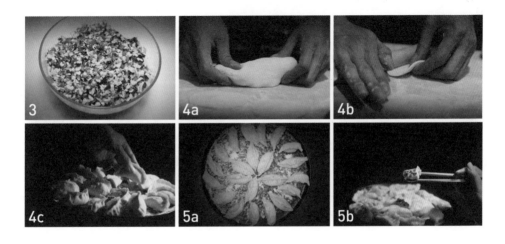

食材

乳饼	一块
醪糟	3 勺
红糖	10g

做法

1 乳饼切片，放入油锅中煎至两面金黄，取出备用。

2 锅内倒入醪糟、红糖炒香，加入乳饼，小火煮1分钟即可。

妈妈的米酒乳饼

乳饼＋火腿，是爸爸式的，浓郁咸香的硬菜。

乳饼＋米酒，是妈妈式的，微醺的饭后甜点。

乳饼烤着吃蘸白糖，是个人式的，深夜食堂的下酒菜。

乳饼是云南人的百搭食材，菜市场走一圈，不知道买什么时，总要拎一个乳饼回去。用叶子包裹着，四四方方一块，回家切片后，放入蛋液里打个滚，正反面煎黄；或者直接煎，配火腿；烤着吃是最考验功力的，翻面太快，比较软，容易碎；翻面太慢，容易焦；火太大，里面烤不熟；火太小，只能眼睛直勾勾地盯着它，默默咽口水……总之，要是能吃上一块外表金黄，内里软糯且全熟的烤乳饼，蘸上白糖，这一天就算是有了一个完美ending。

除了以上吃法，老妈还在"女孩子的特殊时期"给我做过米酒乳饼，奶香、米香交织，吃完暖暖的。

芝士聚会的早餐

每逢寒流来袭或近期食物的口味吃得特别寡淡时，耳朵里总会
时不时冒出"帕尔玛、马苏里拉、切达、乳饼、乳扇"的呼唤。
在一餐里把多种芝士放一起，仿佛是一次全球乳制品之旅。

食材

抱子甘蓝	6 个
口蘑	3 个
鸡蛋	1 个
吐司	2 片
蓝莓	50g
萨拉米火腿片	2 片
帕玛森干酪	少许
车达芝士	少许
黄油	少许

做法

1 将抱子甘蓝去掉底部和外层老皮，对半切开，烧一锅开水，加一小勺盐和一小勺油，把抱子甘蓝放进去焯水到软，捞出来控干水分备用。

2 黄油融化，放入抱子甘蓝和口蘑片，炒熟，出锅前加盐和帕玛森干酪。

3 吐司切 2 片，将车达芝士条平铺在一片上，烤箱预热 180℃烤 5 分钟。

4 煎熟鸡蛋，在吐司上依次放入鸡蛋、火腿片，合并后对半切开。